高等职业教育校企合作系列教材

通 信 线 路

沈德峰　主编
万凤纯　主审

中国铁道出版社有限公司

2024年·北京

内 容 简 介

本书为高等职业教育校企合作系列教材之一。通过对通信线路(主要是光电缆)的原理、特性等内容的学习,使读者能够掌握通信线路的选材、接续、成端、测试等基本作业,对在工作中不断总结经验、提高技能,有着非常积极和重要的意义。全书分为 3 个项目,分别为电缆通信线路、光通信线路和通信线路的施工维护。

本书可作为铁路高等职业技术院校铁道通信及信息化技术专业、中等专业学校通信技术专业、通信运营服务专业或通信系统工程安装与维护专业的教学用书,也可作为现场技术培训的教材,还可供现场工程技术人员和技术工人作为参考资料。

图书在版编目(CIP)数据

通信线路/沈德峰主编 . —北京:中国铁道出版社,2018.11(2024.7 重印)
高等职业教育校企合作系列教材
ISBN 978-7-113-24995-3

Ⅰ.①通… Ⅱ.①沈… Ⅲ.①通信线路-高等职业教育-教材
Ⅳ.①TN913.3

中国版本图书馆 CIP 数据核字(2018)第 227037 号

书　　名:**通信线路**
作　　者:沈德峰

责任编辑:吕继函　　　　**编辑部电话**:(010)51873205　　　　**电子信箱**:312705696@qq. com
封面设计:崔　欣
责任校对:孙　玫
责任印制:郭向伟

出版发行:中国铁道出版社有限公司(100054,北京市西城区右安门西街 8 号)
网　　址:http://www. tdpress. com
印　　刷:北京铭成印刷有限公司
版　　次:2018 年 11 月第 1 版　　2024 年 7 月第 3 次印刷
开　　本:787 mm×1 092 mm　1/16　**印张**:12.5　**字数**:320 千
书　　号:ISBN 978-7-113-24995-3
定　　价:33.00 元

前言 ■■■■■■■■

    本书为高等职业教育校企合作系列教材之一,根据"通信线路"课程教学大纲编写而成。通信线路的维护是铁路通信工的重要内容之一。本教材通过对通信线路(主要是光电缆)的原理、特性等内容的教学,可使学生掌握通信线路的选材、接续、成端、测试等基本作业,对在工作中不断总结经验、提高技能,有着非常积极和重要的意义。同时,通信的相关工作人员也要熟悉和了解铁路通信线路设计、施工和维护的相关规定,从而更好地从铁路行业的特点出发做好相关的现场工作。

    本教材分为电缆通信线路、光通信线路和通信线路施工与维护规定三个项目进行编写。

    项目1为电缆通信线路,分别对对称电缆、同轴电缆和数据通信双绞线电缆进行介绍。首先介绍电缆的特性和原理,之后介绍电缆的接续、成端、测试等基本作业。同时介绍了部分现场常用的仪器仪表及其使用方法,并结合现场实际,介绍了电缆接头的制作方法。

    项目2为光通信线路,分别从光纤、光纤熔接、光缆、光缆接续和光通信线路的测试来进行介绍,其中光纤熔接、光缆接续、光通信线路测试都是铁路现场的主要作业。

    项目3为通信线路施工与维护规定,以《铁路通信设计规范》(TB 10006—2016)和《铁路通信维护规则 设备维护》为标准,编写总结了对于通信线路方面的规定,为学生今后进入现场进行顶岗实习和现场作业打下良好基础。

    教材中的部分内容,可以作为扩展内容选学,各校各单位在组织教学时,需要根据不同层次的实际需要,选择一定的深度;也可以根据各单位通信线路相关设备和作业类型的不同,确定适当的广度。

    本教材由辽宁轨道交通职业学院沈德峰主编,中国铁路沈阳局集团有限公司沈阳通信段万凤纯主审。辽宁铁道职业技术学院贾霞霞、杨金玲编写了项目1的典型工作任务1、典型工作任务2和典型工作任务3;吉林铁道职业技术学院滕文媛、赵津编写了项目 1 的典型工作任务 4、典型工作任务 5 及项目 2 的典型工作任务 4；沈德峰编写项目 2 的典型工作任务 1、典型工作任务 2、典型工作任务 3 和项目 3 的典型工作任务 1；辽宁轨道交通职业学院王秋菊编写项目 2 的典型工作任务 5 和项目 3 的典型工作任务 2。

由于编者能力有限，时间仓促，教材中不免有错误、疏漏之处，恳请读者提出批评和改进意见。

编 者
2018 年 5 月

目录 ∎∎∎∎∎∎∎∎

项目 1　电缆通信线路

项目描述

本项目主要针对铁路通信系统中电缆通信线路的维护问题展开叙述,基本任务是完成各种电缆通信线路的接续、测试、接头制作等工作。根据线路所使用的电缆不同,本项目主要解决以下三个问题:

1. 解决对称电缆的接续、测试等基本操作和工艺问题。
2. 解决同轴电缆的接续、接头制作等基本操作和工艺问题。
3. 解决数据通信双绞线电缆通信线路的测试、接头制作等基本操作问题。

拟实现的教学目标

1. 知识目标
(1)掌握对称电缆的基本结构、分类;掌握常用的电缆类型。
(2)掌握对称电缆接续和成端的方法;掌握对称电缆的测试方法。
(3)掌握同轴电缆的基本结构,理解同轴电缆的接续方法;掌握2 M通信线路接头的制作方法,理解2 M数字传输性能分析仪的基本使用方法。
(4)掌握数据通信双绞线电缆的基本结构和分类;掌握网络跳线接头制作的基本工艺,了解多用途网络线缆测试仪的使用方法。

2. 能力目标
(1)能正确解释对称电缆、同轴电缆、双绞线电缆的概念、结构、分类等基本知识。
(2)能独立正确地使用相关工具进行对称电缆接续和成端作业。
(3)能正确进行对称电缆的测试。
(4)能独立正确地使用相关工具进行同轴电缆的接续、2 M线路接头制作等操作。
(5)能独立正确地使用相关工具进行网络跳线接头的制作和测试。

3. 素质目标
(1)培养谦虚谨慎的学习态度和认真严谨的工作作风。
(2)树立正确的安全观念。

典型工作任务 1　对称电缆的基础知识

1.1.1　工作任务

通过学习,弄清并掌握对称电缆的结构、分类、型号等基本问题。

1.1.2 相关配套知识

这里主要介绍对称电缆的结构、型号类别、电气特性等基本知识。

1. 对称电缆的结构

根据应用场合的不同,对称电缆可分为长途对称电缆和地区电缆(全塑市话电缆)。

对称电缆在结构上主要由缆芯和护层组成,下面对其分别介绍。

1)缆芯

对称电缆缆芯主要由导电芯线、芯线绝缘、缆芯绝缘、缆芯扎带及包带层等组成。

(1)导电芯线

导电芯线是传输电信号的主要介质,要求其具有良好的导电性、足够的柔软性和机械强度,同时还要便于加工、敷设和使用。对称电缆的导电芯线为圆柱形结构,材料最常用的是软铜钱,线径为 0.32～1.2 mm,其中长途对称电缆中的高频四线组常用线径为 0.9 mm 和 1.2 mm,低频四线组常用 0.6 mm 和 0.7 mm,地区电缆(市话电缆)常用线径为 0.32～0.8 mm。导电芯线材料也有采用半硬铝线的,但由于铝线电阻率较铜线高,体积大,传输性能较差,基本已经退出市场。

(2)芯线绝缘

芯线绝缘是包裹在导电芯线外的同心绝缘材料层。芯线绝缘的作用是防止各导电芯线之间接触,同时还可以使导电芯线的相互位置固定,减少回路之间的串音。对芯线绝缘材料的要求是有优越而稳定的电气性能、有良好的柔韧性和一定的机械强度,并且便于加工制造。芯线绝缘的优劣对于信号传输及使用是十分重要的。理想的电缆芯线绝缘应具有电阻率 ρ 大、相对介电常数 ε_r 及介质损耗角正切值 $\tan\delta$ 要小的特点。

通信电缆一般都采用空气和其他绝缘混合应用的办法,利用其他绝缘材料提高机械强度,利用空气提高绝缘性能,力求使绝缘中空气所占的体积大一些,但整体的绝缘结构则要稳定。

市话通信电缆导线外的绝缘材料有纸、聚氯乙烯、聚苯乙烯和聚烯烃(聚乙烯或聚丙烯)等。铁路对称电缆的芯线绝缘较多采用聚乙烯,线径在 0.7 mm 及以下的对绞组、低频组大多采用实心聚乙烯,线径在 0.9 mm 及以上的四线组大多采用泡沫聚乙烯。

对称电缆芯线绝缘主要有以下几种。

①实心聚烯烃绝缘,如图 1.1(a)所示。

②泡沫聚烯烃绝缘,如图 1.1(b)所示。

③泡沫/实心皮聚烯烃绝缘,如图 1.1(c)所示。

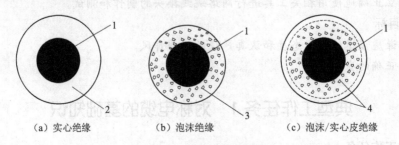

(a)实心绝缘　　　　(b)泡沫绝缘　　　　(c)泡沫/实心皮绝缘

图 1.1　电缆芯线绝缘结构

1—金属导线;2—实心聚烯烃绝缘层;3—泡沫聚烯烃绝缘层;4—泡沫/实心皮聚烯烃绝缘层

实心聚烯烃绝缘耐电压性、机械性和防潮性能好,加工方便。实心绝缘层厚度一般为 0.2～0.3 mm。实心绝缘电缆适用于架空电缆和要求张力较大的场合,是使用量最多、应用范围最广的一种。

泡沫聚烯烃绝缘是在发泡剂的作用下挤出来的,含有互不相通的微孔(气泡)。绝缘体中空气所占空间的比例称为发泡度,大约为 33%。发泡的作用在于降低绝缘层的含塑量,如前所述,空气是最好的绝缘体,它具有较低的介电常数,在同等工作电容和同等外径条件下能够容纳较多的对数。与实心绝缘相比,泡沫聚烯烃绝缘电缆在相同外径电缆中可提高容量 20% 左右。这种电缆目前主要用于大对数中继电缆和高频信号的传输。有时为使充石油膏电缆不增大外径而又具有与不充油电缆相同的传输效果,也会采用泡沫绝缘。

泡沫/实心皮绝缘共有两层:内层为泡沫层,发泡度为 45%～60%;外层为实心塑料皮层,厚约为 0.05 mm。泡沫/实心皮绝缘具有以下独特的优点:

①耐压强度高,绝缘芯线在水中的平均击穿电压可达 6 kV。

②由于实心塑料皮的作用可防止或减少各种填充剂的渗入,用在石油膏填充电缆中较为理想。

③绝缘层的针孔故障概率小。

④在全色谱电缆中,只要对表皮着色即可,减少了颜料消耗,又减少了由于颜料引起的电容改变和颜料与发泡剂的相互作用。

⑤避免了铜导线与着色泡沫绝缘接触而引起的聚烯烃寿命的缩短的情况。

⑥芯线表面质量好,外径均匀。

为便于识别线号,上述三种芯线绝缘都有颜色标志,要求颜色鲜明易辨、不褪色、不迁移,同时应均匀、连续、表面光洁、圆整和无针孔等。

(3)芯线扭绞

对称电缆线路为双线回路,因此必须构成线对(组),为了减少线对(组)之间的电磁耦合,提高线对之间的抗干扰能力,便于电缆弯曲和增加电缆结构的稳定性,线对(或四线组)应当进行扭绞。

扭绞是将一对线的两根导线或一个四线组的四根导线均匀地绕着同一轴线旋转。芯线扭绞常用对绞和星绞两种。市话通信电缆通常采用对绞的方式,长途对称电缆则采用星绞的方式,如图 1.2 所示。

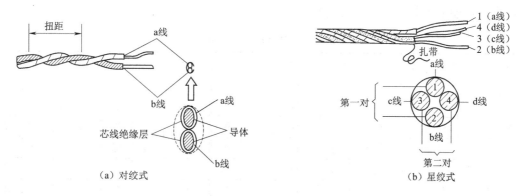

图 1.2　芯线扭绞示意图

电缆芯线沿轴线旋转一周的纵向长度称为扭绞节距,要求对绞式的扭绞节距(简称扭距)在任意一段 3 m 长的线对上均不超过 155 mm,相邻线对的扭距均不相等,电缆制造时要适当搭配,使线对间串音最小。星绞式的扭距平均长度一般不大于 200 mm,星绞组组内的两对线处于互为对角线的位置,由分布电容构成的电桥接近于平衡,所以串音较小,一般多用于长途通信电缆。

线对是传输信号的回路,为了保证导电可靠、绝缘良好、串音最小,扭绞时应该使芯线的张力不过松或过紧,松紧一致且平衡,便于成缆。

(4)缆芯色谱

①星绞式缆芯色谱

星绞式四线组对称电缆芯线绝缘的颜色通常用红、白、蓝、绿来表示。红、白为第一组,蓝、绿为第二组,如图 1.3 所示。

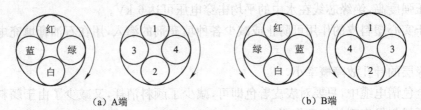

图 1.3 四线组色谱

②对绞式缆芯色谱

根据芯线绝缘不同,对绞式对称电缆的缆芯色谱可分为普通色谱和全色谱两大类。

普通色谱缆芯线对的颜色有蓝/白对、红/白对(分子为 a 线色谱,分母为 b 线色谱)两种,每层中有一对特殊颜色的芯线,作为该层计算线号的起始标记。这一对线称为标记(或标志)线对,作为本层最小线号,其他线对称为普通线对。如普通线对为红/白对则标记线对为蓝/白对,反之如普通线对为蓝/白对则标记线对为红/白对。

全色谱的含义是指电缆中的任何一对芯线,都可以通过各级单位的扎带颜色及线对的颜色来识别,换句话说,给出线号就可以找出线对,拿出线对就可以说出线号。全色谱是由 10 种颜色组合成 25 个组合,称 25 对基本单位,代号为 U。a 线颜色为:白、红、黑、黄、紫,作为领示色;b 线颜色为:蓝、橙、绿、棕、灰,作为循环色。全色谱对绞式缆芯色谱在全塑市话电缆中使用最多。全色谱线对编号与色谱见表 1.1。

表 1.1　全色谱线对编号与色谱

线对编号	颜色		线对编号	颜色		线对编号	颜色		线对编号	颜色		线对编号	颜色	
	a	b		a	b		a	b		a	b		a	b
1		蓝	6		蓝	11		蓝	16		蓝	21		蓝
2		橙	7		橙	12		橙	17		橙	22		橙
3	白	绿	8	红	绿	13	黑	绿	18	黄	绿	23	紫	绿
4		棕	9		棕	14		棕	19		棕	24		棕
5		灰	10		灰	15		灰	20		灰	25		灰

（5）缆芯绞合方式

芯线扭绞成对（或组）后，再将若干对（或组）按一定规律绞合（即绞缆）成为缆芯。对绞式对称电缆的缆芯结构，有束绞式、同心式、单位式和 SZ 绞等四种。

①束绞式

束绞式缆芯是许多线对以一个方向绞合成束状结构，其特点是生产效率高，但束内线对位置不固定，相互有挤压，所以各相邻回路间的串音防卫度低，一般用在对数较少的市话电缆和低频电缆的芯线制造上。束绞式缆芯可作为单位式缆芯中的一个单位，也可单独使用于市话电缆和低频电缆中。

②同心式

同心式缆芯也称为层绞式缆芯，由线对构成一系列同心圆。中心层一般为 1 对、2 对或 3 对，然后每层大约依次增加 6 个线对，绞绕若干层，同层相邻线对扭距不同，为减少邻层线对间的串音和使线束绞绕得较为紧凑，同时也使电缆便于弯曲及芯线接续时分线方便，邻层的绞合方向相反。

星绞电缆结构的缆芯截面如图 1.4 所示。

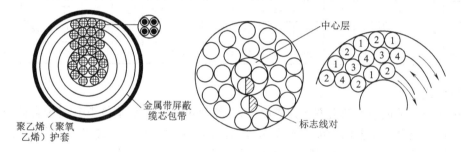

图 1.4 星绞电缆结构的缆芯截面图

星绞单位式缆芯通常是以 5 个星绞组（10 对）、25 个星绞组（50 对）或 50 个星绞组（100 对）为单位分层绞合而成。

为了便于分层，每层疏绕以扎带（由尼龙、涤纶或聚烯烃构成的丝或带），同时每一层中还要有一个芯线组的绝缘颜色（或扎带颜色）与其他各芯线组的不同，这个线组叫作标准线对（也叫领示线对），如图 1.4 所示。计算这一层的线组数时，是从这个芯线组开始的。

同心式层绞的缆芯，虽然制作不便且在层数较多时寻找线号不便，但其结构稳定，回路间的相互影响较小，所以在长途对称电缆星绞四线组绞合成缆芯时，常采用这种结构。200 对以下的市话电缆缆芯，也采用这种扭绞方式。

800 对以下同心式缆芯各层线对数的排列见表 1.2。

表 1.2 800 对以下同心式缆芯各层线对数的排列

线对数		各 层 线 对 数														
标称	实际	中心	1	2	3	4	5	6	7	8	9	10	11	12	13	14	15
5	5	5															
10	10	2	8														
15	15	4	11														

续上表

线对数		各 层 线 对 数														
标称	实际	中心	1	2	3	4	5	6	7	8	9	10	11	12	13	14	15
20	20	1	6	13													
25	25	2	8	15													
30	30	4	10	16													
50	50	3	9	16	22												
80	81	4	10	16	22	29											
100	101	1	6	13	20	27	34										
150	151	3	9	15	22	28	34	40									
200	202	4	10	16	22	28	34	41	47								
300	303	3	9	15	21	27	33	39	46	52	58						
400	404	1	6	12	18	24	31	37	43	49	55	61					
500	505	3	9	15	21	27	33	39	45	51	57	63	68	74			
600	606	3	9	16	22	28	34	40	46	53	59	65	71	77	83		
700	707	5	11	17	23	35	41	47	53	59	65	71	77	84	90		
800	808	5	11	17	23	29	35	41	47	54	60	66	72	78	84	90	96

③单位式

单位式缆芯是把采用编组方法分成单位束,然后再将若干个单位束分层绞合而成单位式缆芯。单位式绞合实质上仍为束绞方式,故其结构不够稳定,但这种缆芯在接续、配线和安装电话时都较方便,因此在市话电缆中得到广泛应用。

根据芯线线对和单位扎带颜色的不同,可将对称电缆分为普通色谱单位式缆芯和全色谱单位式缆芯。

普通色谱单位式缆芯的单位束一般是50对或100对。单位式电缆的缆芯组成单位(子单位、基本单位、超单位)均用非吸湿性带色扎带疏扎加以区分,并要求颜色鲜明易辨,在规定条件下不褪色,不污染相邻芯线。组成同一基本单位的子单位,扎带颜色是相同的。

全色谱电缆是先把单位束分为基本单位或子单位,再由基本单位或子单位绞合成超单位。

根据单位束内线对的多少,可将这些单位分为三种规格程式:子单位(12对和13对)、基本单位(10对或25对,代号为U)、超单位(50对,代号为S、SI或SJ;100对,代号为SD;150对,代号为SC;200对,代号为SB)。

基本单位U由10对线对或25对线对组成,其色谱为由白/蓝～紫/灰的10种或25种全色谱组合,如图1.5所示。为了形成圆形结构,充分利用缆内的有限空间,也可将一个U单位分成由12对、13对或更少线对的"子单位"。为了区别不同的单位,每一单位外部都捆有扎带,U单位的"扎带全色谱"是由白/蓝～紫/棕的24种组合,所以U单位的扎带循环周期为25×24=600(对),即从601(对)开始,U单位的扎带变成白/蓝。

把一个基本单位25对分为12对和13对,称为2个子单位(或半单位)。50对超单位,由2个基本单位(25对)组成;100对超单位,由4个基本单位(25对)组成。

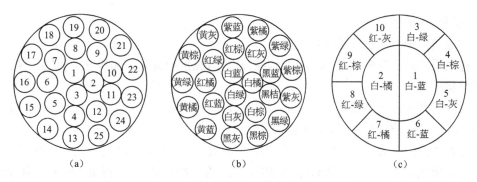

图 1.5　25 对和 10 对基本单位线对色谱

超单位的序号是从中心层顺次向外层排列的,扎带色谱顺序为白、红、黑、黄、紫,但要在同色扎带的超单位中识别出先后顺序,则要根据基本单位的扎带色谱来判断。

为了保证成品电缆具有完好的标称对数,100 对及以上的全色谱(80 对及以上的同心式电缆)单位式电缆中设置备用线对(又叫作预备线对),其数量均为标称对数的 1%,最多不超过 6 对,备用线对作为一个预备单位或单独线对置于缆芯的间隙中。备用线对的各项特性与标称线对相同。

④SZ 绞

SZ 绞是一种专门缆芯绞合工艺,它是将被绞合的绝缘线对按顺时针及逆时针方向旋转,从而得到左向及右向的绞合,所以 SZ 绞又称为"左右绞"。左右绞的缆芯,在一定长度上,既有左向又有右向的绞合。

(6)缆芯包带层

在总绞缆完成后,为保证缆芯结构的稳定性,必须在缆芯外面重叠绕包或纵包一、二层非吸湿性的绝缘材料带(聚乙烯或聚酯薄膜带等)作为缆芯包带层,然后再用非吸湿性的扎带疏扎牢固。

长途对称电缆在绞缆后一般再绕包电缆纸,有两个作用:一是包扎电缆纸可将芯线保持在一起;二是可增加导电芯线与金属护套(或大地)之间的电气绝缘强度。包带通常采用小扭距的双纸带绕包方式,如果绝缘强度要求较高,按需要还可增加电缆纸带。

缆芯包层应具有隔热性能好和机械强度高的特点,以保证缆芯在加屏蔽层和挤压塑料护套后,以及在使用过程中,不会遭到损伤、变形或黏接。

2)护层

包裹在电缆缆芯上的保护层称为电缆护层。电缆护层是电缆的重要组成部分之一。护层的主要作用是防止水分、潮气侵入电缆缆芯而影响其电气特性,同时对雷电和外界电磁干扰有一定的屏蔽和防护作用,并能保护缆芯不受外界机械损伤。

电缆护层一般由屏蔽层、护套和外护层组成。

(1)屏蔽层

屏蔽层的主要作用是防止外界电磁场的干扰。对称电缆的金属屏蔽层介于内护套与缆芯包带之间,其结构有纵包和绕包两种。屏蔽层类型主要有裸铝带、双面涂塑铝带、铜带(少用)、钢包不锈钢带、高强度硬性钢带、裸铝/裸钢双层金属带、双面涂塑铝/裸钢双层金属带。其中裸铝带和双面涂塑铝带是目前用得最多的两种屏蔽类型,其他类型均用于一些特殊场合。

（2）护套（内护层）

对称电缆的护套包在屏蔽层的外面。

对称电缆的护套主要有单、双层护套，综合护套，黏接护套（层）和特殊护套（层）等。

①单层护套

单层护套是由低密度聚乙烯树脂加炭黑及其他辅助剂或普通聚氯乙烯塑料融合挤制而成的，具有加工方便、质轻柔软、容易接续等特点。

黑色聚乙烯护套分为 PE-HJ 和 PE-HH 两大类，前者用于一般场合，后者用于等条件苛刻的场合。聚氯乙烯护套是发展较早，应用较广泛的一种护套，具有耐磨、不延燃、耐老化、柔软等特点。一般局内、室内用电缆都采用聚氯乙烯护套，主要看重它的不延燃性。

②双层护套

双层护套主要有聚乙烯—聚氯乙烯双层护套和聚乙烯—黑色聚乙烯双层护套两种，双侧塑料护套结构如图 1.6 所示，前者由于聚乙烯和聚氯乙烯各有特点，这样可以取长补短，从而使护套的使用性更加完善，后者则能提高电缆的机械强度和防潮效果。

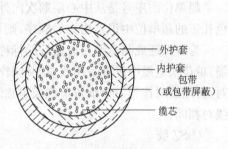

外护套
内护套
包带
（或包带屏蔽）
缆芯

图 1.6　双侧塑料护套结构

以上几种护套均由单纯的高分子聚合塑料组成，称为"普通塑料护套"，它的主要缺点是具有一定的"透潮性"。因为高分子聚合物的分子比水分子大，所以当这类护套的电缆在湿度较大的环境下使用时，就会因为护套内外存在水气浓度差，使得水分子从浓度较高的一侧透过高分子聚合物向浓度低的一侧"跃迁"，形成扩散，不包括由于护套缺陷所造成的进水现象。因此，普通塑料护套电缆，尽量不要在潮湿的环境中使用。

③综合护套

通常将电缆金属屏蔽层与塑料护套组合在一起，称为"综合护套"。下面介绍两种典型的综合护套。

a. 铝—聚乙烯（聚氯乙烯）护套

这种护套是先在缆芯包带外套一层 0.15～2.0 mm 厚的铝带，外面再套上一层黑色聚乙烯（或聚氯乙烯）护套构成。这种护套的电缆，主要适合于架空安装使用，铝带和护套可以分离。

b. 聚乙烯—铝—聚乙烯（聚氯乙烯）护套

这类护套是在缆芯包带外先挤包一层聚乙烯护套，然后再包上铝带屏蔽层，最后再挤包一层黑色聚乙烯或聚氯乙烯护套。这类护套的特点是机械强度高，芯线对屏蔽层的耐压强度高（即碰地故障发生的可能性小），防潮效果较好。

④黏接护套

为了解决上述塑料护套透潮问题，在全塑市话电缆护套结构中，又发展了将黑色聚乙烯护套和铝屏蔽层紧密黏接而构成的铝塑黏接护套，其防潮、防电磁干扰和机械强度等方面的性能，都比上述一些塑料护套优良，其中防尘效果提高了 50～200 倍，在市话电缆中绝大部分都采用这种护套。

　　黏接护套的挤包过程是采用化学处理方法或直接黏合的方法,先在屏蔽铝带的两面各黏覆一层塑膜(即聚乙烯薄膜、乙烯—丙烯酸共聚物或乙烯—缩水甘油甲基丙烯酸—醋酸乙烯薄膜),制成双面涂塑铝带(又称复合带或层压带),再将双面涂塑铝带重叠纵包在缆芯包带的外面,然后在涂塑铝带的外面立即热挤包一层黑色聚乙烯护套,利用护套挤制过程的热量及附加热源,将双面涂塑铝带的纵包缝处的塑料熔合,并把双面涂塑铝带外表面的聚合物薄膜层与黑色聚乙烯护套融合为一体,形成铝/塑黏接护套(又称铝/塑综合黏接护套)其结构如图 1.7 所示。

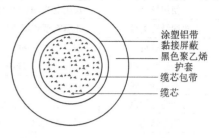

涂塑铝带
黏接屏蔽
黑色聚乙烯护套
缆芯包带
缆芯

图 1.7　铝—塑综合粘接护套结构

　　⑤特殊护套(层)

　　特殊护套通常有用于改善电缆护层机械强度和屏蔽性能的裸钢、铝双层金属—聚乙烯护层,双面涂塑钢、铝双层金属聚乙烯黏接护层;铜包钢带聚乙烯护层,高强度改性铜带聚乙烯护层,铜带—聚乙烯护层,也有一些用于防昆虫(如白蚁、蜂等)叮咬的半硬塑料护套和用于防冻裂的耐寒塑料护套等。

　　(3)外护层

　　对称电缆的外护层,主要包括三层结构:内衬层、铠装层和外被层,如图 1.8 所示。

　　内衬层是铠装层的衬垫,防止塑料护套因直接受铠装层的强大压力而受损。内衬层可在黑色聚乙烯或聚氯乙烯护套外,重叠绕包三层聚乙烯或聚氯乙烯薄膜带;也可先绕包两层聚乙烯或聚氯乙烯薄膜带,再绕包两层浸渍皱纹纸带,然后再绕包两层聚乙烯或聚氧乙烯薄膜带,作为铠装的内衬层。当电缆塑料护套较厚,具有一定的机械强度时,也可不加内衬层,在电缆护套外直接绕包铠装层。

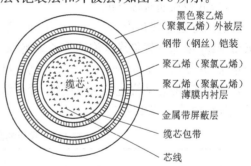

黑色聚乙烯(聚氯乙烯)外被层
钢带(钢丝)铠装
聚乙烯(聚氯乙烯)
聚乙烯(聚氯乙烯)薄膜内衬层
金属带屏蔽层
缆芯包带
芯线

缆芯

图 1.8　电缆外护层

　　铠装层分钢带铠装和钢丝铠装两类。钢带铠装是在塑料护套或内衬层外纵包一层钢带(厚 0.15~0.20 mm 的钢带或涂塑钢带),在纵包过程中浇注防腐混合物,或者绕包两层防腐钢带并浇注防腐混合物,这就是钢带铠装层。钢丝铠装则是在塑料护套或内衬层外缠细圆镀锌钢丝或粗圆镀锌钢丝铠装层,并浇注防腐混合物。钢丝铠装电缆一般敷设在水下,有单钢丝和双钢丝之分,轻型单钢丝通常用于静止水域和有岩石的沟里,粗型单钢丝用于水流不急和不受船锚伤害的水域。双层钢丝通常用于流速较大,岩底河床和有可能带锚航行的水域,为防止钢丝受摩擦损伤,可对钢丝挤制一层氯丁橡胶。双层钢丝的绞向是相反的,而双层钢带的绞向则相同。

　　为了保护铠装层,在金属铠装层外面还要加一层(1.4~2.4 mm 厚的黑色聚乙烯或聚氯乙烯)外被层,其主要作用是增强电缆的屏蔽、防雷、防蚀性能和抗压及抗拉机械强度,加强保护缆芯。

　　2. 对称电缆的分类和型号

　　1)常用对称电缆的分类方法

　　常用对称电缆的分类方法见表 1.3。

表 1.3　常用对称电缆的分类方法

分类依据	具 体 类 别
使用场合	长途电缆、地区电缆（市内电缆、市话电缆）
电缆结构类型	非填充型和填充型
导线材料	铜导线和铝导线
芯线绝缘结构	实心绝缘、泡沫绝缘、泡沫/实心皮绝缘
线对绞合方式	对绞式和星绞式
芯线绝缘颜色	全色谱和普通色谱
缆芯结构	同心式（层绞式）、单位式、束绞式、SZ 绞
屏蔽方式	单层涂塑铝带屏蔽、多层铝及钢金属带复合屏蔽（屏蔽带又分绕包和纵包两种）
护套	单层塑料护套、双层塑料护套、综合护套、黏接护套、密封金属/塑料护套、特种护套
外护层	单层、双层钢带铠装和钢丝铠装塑料护层
传输信号类型	传输模拟信号、传输数字信号
敷设方式	架空、管道、直埋、水底电缆等
传输的频带	低频、高频、高低频综合

长途对称电缆又可以分为低频、高频、高低频综合、数模综合四种，线组均采用星绞四线组。下面分别介绍这几种电缆。

（1）低频长途对称电缆

它的导电芯线是由 0.8 mm、0.9 mm、1.0 mm 或 1.2 mm 的软铜线制成，芯线绝缘方式有纸带绝缘、纸绳纸带绝缘及泡沫聚乙烯绝缘。如果是屏蔽四线组，星绞后还要绕包金属化纸带或铝带，并纵放一根 0.3～0.5 mm 软铜线，作为屏蔽接地连接线。所有的四线组按同心层式绞合成缆芯，缆芯外绕包三层电缆纸，经干燥后挤包金属护层并包覆外护层。常用的几种星绞低频通信电缆见表 1.4。

表 1.4　常用的几种星绞低频通信电缆

型　号	电缆特征	敷设场合	各种线径的组数			
			0.8	0.9	1.0	1.2
HEQ 或 HEQP	纸绝缘裸铅包低频电缆	室内、隧道、管道敷设，也可架空敷设，不能受机械外力	3、4、7、12、14、19、24、27、30、37			
HEQ₂ 或 HEQP₂	纸绝缘铅包钢带铠装低频电缆	直埋，能承受机械压力，不能承受大的拉力	3、4、7、12、14、19、24、27、30、37			
HEQ₃ 或 HEQP₃	纸绝缘铅包细钢丝铠装低频电缆	直埋，能承受一定的压力，也能承受一定的拉力			24、27、30、37	19、24、27、30、37
HEQ₂₂ 或 HEQP₂₂	纸绝缘铝包钢带铠装二级外护层低频电缆	可敷设在对铝护套和钢带有严重腐蚀的环境中，能承受一定的压力，不能承受大的拉力	3、4、7、12、14、19、24、27、30、37			
HFYFLW₁₁ HEYFLWP₁₁	泡沫聚乙烯绝缘、皱纹铝护套一级外护层低频电缆	室内、隧道、管道敷设，可架空敷设，用于对电缆无机械外力而对铝护套有腐蚀的环境		19、24、27、30、37		12、14、19、24、27、30、37

低频长途电缆用于市内电话局之间的中继线，长途交换台至市话局之间、铁路区段低频通信线路或作为区段低频线路的分支、引入用。

（2）高频长途对称电缆

由于高频长途对称电缆传输距离较长、使用频率高，从结构和性能上，比低频长途对称电缆都有较高的要求。

导电芯线一般采用线径为 0.9 mm 及 1.2 mm 的软铜线制成，芯线绝缘形式有：纸绳纸带、聚苯乙烯绳带、聚乙烯绳管及泡沫聚乙烯等。为了使四线组结构稳定对称，往往在四线组中心部分还填充有纸绳或塑料绳。高频长途对称电缆的缆芯，可由 1、3、4 或 7 个四线组构成，各四线组间有不同的扭绞节距，但扭距均比低频对称电缆小。缆芯中还有一定数目的线径为 0.6 mm 或 0.7 mm 的信号线。

高频对称电缆可组成模拟通信网中干局线，也可用来传输数字高次群。HEYFZQ0203-3×4×0.9(H)+3×2×0.6(S)高频对称电缆（A 端）如图 1.9 所示。

（3）高低频综合长途对称电缆

这种电缆的缆芯兼有高、低频四线组。高频四线组构成干局线载波通信，低频四线组可构成区段低频回路。图 1.10 所示的这种结构，为交流电气化区段常用的一种高低频综合电缆 A 端截面图。该电缆采用易导电的铝护套和易导磁的钢带铠装，故它的抗干扰能力较强，适用于交流电气化铁道区段和强电干扰区段。另外，在钢带外面加了挤压的聚氯乙烯护套，是两级外护套，这可延长电缆的寿命，并使电缆的电磁屏蔽性能稳定。

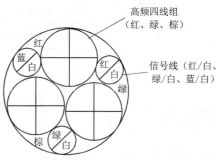

图 1.9 HEYFZQ0203-3×4×0.9(H)+3×2×0.6(S)高频对称电缆（A 端）

（4）数模综合对称通信电缆

数模综合对称通信电缆（A 端）如图 1.11 所示。该电缆的型号是 HYFPL22(23)，其规格为 2×4×0.9(P)+5×4×0.9(H)+15×4×0.9(L)+6×2×0.6(S)。它是一种数模兼容的结构，数字屏蔽四线组最高传输速率为 140 Mbit/s。

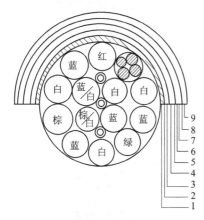

图 1.10 HDYFLZ22-156 型电缆（A 端）

1—铝护套；2—石油沥青；3—两层聚氯乙烯带；

4—浸渍电缆纸；5—石油沥青；6—两层钢带；7—石油沥青；

8—电缆纸；9—聚氯乙烯护套

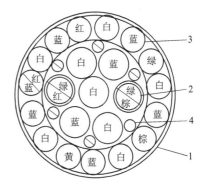

图 1.11 数模综合对称通信电缆（A 端）

1—高频四线组 H（红、绿、棕、黄、红/蓝）；

2—数字屏蔽四线组 P（红/绿、绿/棕）；3—低频四线组；

4—信号线对绞线组 S

2) 对称电缆型号

电缆型号是识别电缆规格程式和用途的代号。按照用途、芯线结构、导线材料、绝缘材料、护层材料、外护层材料等,分别用不同的汉语拼音字母和数字来表示,称为电缆型号。

(1) 市话电缆型号

对称电缆型号由类别及用途、导体、绝缘、护套、特征、外护层六个部分组成,如图 1.12 所示。第 1 项~第 5 项主要以汉语拼音字母表示,第 6 项以阿拉伯数字表示。当用铜线作导体时不列导体的代号。电缆型号中各代号的含义见表 1.5。

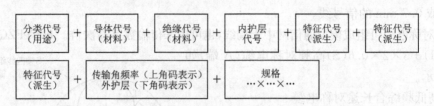

图 1.12　市话电缆型号代号构成

表 1.5　电缆型号中各代号的含义

类别、用途	导体	绝缘层	内护层	特征	外护层	派生
H—市话电缆 HJ—局用电缆 HP—室内成端电缆 HE—长途通信电缆 HO—同轴电缆	T—铜 (省略) L—铝 G—钢	Z—纸 (省略) B—聚苯乙烯 Y—聚乙烯 V—聚氯乙烯 YF—泡沫聚乙烯 X—橡皮绝缘 YP—泡沫/实心皮聚乙烯	Q—铅包 (省略) V—聚氯乙烯 L—铝 A—铝塑黏结 Y—聚乙烯	T—石油膏填充 Z—综合电缆 C—自承式 P—屏蔽 G—隔离式内屏蔽	02—聚氯乙烯套 03—聚乙烯套 20—裸钢带铠装 (21)—钢带铠装纤维外被 22—钢带铠装聚氯乙烯套 23—钢带铠装聚乙烯套 30—裸细钢丝铠装 (31)—细钢丝铠装纤维外被 32—细钢丝铠装聚氯乙烯套 33—细钢丝铠装聚乙烯套 (40)—裸粗钢丝铠装 41—粗钢丝铠装纤维外被 (42)—粗钢丝铠装聚氯乙烯套 (43)—粗钢丝铠装聚乙烯套 441—双粗钢丝铠装纤维外被 241—钢带粗钢丝铠装纤维外被 2241—钢带双粗钢丝铠装纤维外被 53—单层轧纹钢带纵包铠装聚乙烯套 553—双层轧纹钢带纵包铠装聚乙烯套	-1 第一种 -2 第二种 -252 252 kHz -120 120 kHz

以下是全塑市话电缆几种常用型号规格：

HYA—铜芯实心聚烯烃绝缘涂塑铝带屏蔽聚乙烯护套市话通信电缆。

HYFA—铜芯泡沫聚烯烃绝缘涂塑铝带屏蔽聚乙烯护套市话通信电缆。

HYPA—铜芯带皮泡沫聚烯烃绝缘涂塑铝带屏蔽聚乙烯护套市话通信电缆。

HYFAT—铜芯泡沫聚烯烃绝缘石油膏填充涂塑铝带屏蔽聚乙烯护套市话通信电缆。

HYPAT—铜芯带皮泡沫聚烯烃绝缘石油膏填充涂塑铝带屏蔽聚乙烯护套市话通信电缆。

HYAC—铜芯实心聚烯烃绝缘涂塑铝带屏蔽聚乙烯护套自承式市话通信电缆。

HYAG—铜芯实心聚烯烃绝缘涂塑铝带屏蔽聚乙烯护套脉码调制市话通信电缆。

例如：HYA-100×2×0.4 表示市话通信用（H）、铜芯（T 省略）、实心聚烯烃绝缘（Y）、涂塑铝带黏接屏蔽（A），其缆芯是 100 对线径为 0.4 mm 的对绞线对。

（2）长途对称电缆型号

长途对称电缆型号由以下几部分组成，各部分用代号表示，如图 1.13 所示。

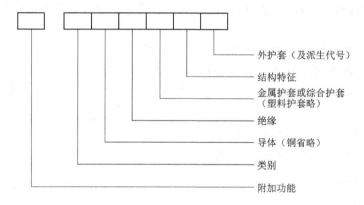

图 1.13 长途对称电缆型号代号构成

各部分代号及代号含义应符合表 1.6 的规定。

表 1.6 长途对称电缆各部分代号及代号含义

序 号	型号组成	代 号	含 义
1	附加功能	FBY	防白蚁
		DW	低烟无卤阻燃
2	类别	HE	长途对称通信电缆
3	绝缘	YF	皮—泡—皮物理发泡聚烯烃绝缘
4	金属护套	L	铝护套
5	结构特征	T	油膏填充（防潮型）
		-156	传输频率（千赫兹）（派生代号）
6	外护套	03	聚乙烯外护套
		23	双钢带铠装聚乙烯外护套
		22	双钢带铠装聚氯乙烯外护套

例如,7组长途对称高、低频综合通信电缆型号为 HEYFL23-156,其名称为皮—泡—皮物理发泡聚乙烯绝缘、铝护套、钢带铠装、聚乙烯外护套长途对称高、低频综合通信电缆。其规格为 $3 \times 4 \times 0.9$(高)$+4 \times 4 \times 0.9$(低)$+3 \times 2 \times 0.7$(0.6),表示缆芯为 3 个线径为 0.9 mm 的高频星绞四线组、4 个线径为 0.9 mm 的低频星绞四线组、3 对线径为 0.7(0.6)mm 对绞式信号线。

再例如,7组填充式长途对称全低频通信电缆型号为 HEYFLT23,其名称为皮—泡—皮物理发泡聚乙烯绝缘、阻水油膏填充、铝护套、钢带铠装聚乙烯外护套长途对称低频通信电缆,其规格为 $7 \times 4 \times 0.9$,表示缆芯为 7 个线径为 0.9 mm 的低频四线组。

3. 对称电缆端别及线序

1)对称电缆端别

为了在设计、施工及维护中统一标志,不出差错,保证在电缆布放、接续等过程中的质量,还规定了对称电缆的端别。

(1)长途对称电缆端别

长途对称电缆端别的识别方式是面对电缆端:

①以四线组扎线(塑料丝或棉纱)颜色识别。当绿线组在红线组的顺时针方向侧时为 A 端,反之为 B 端。

②以四线组芯线绝缘的颜色识别。当绝缘颜色为绿色的芯线在红色芯线的顺时针方向侧时为 A 端,反之为 B 端,如图 1.14 所示。

③以单根信号线芯线绝缘的颜色识别。当绿色芯线在红色芯线的顺时针方向侧时为 A 端,反之为 B 端。

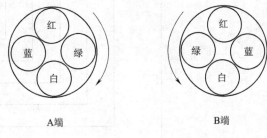

图 1.14　以四线组芯线颜色识别电缆端别

(2)市话电缆端别

普通色谱对绞式市话电缆一般不作 A、B 端规定。为了保证在电缆布放、接续等过程中的质量,全塑全色谱市内通信电缆规定了 A、B 端。

全色谱对绞单位式全塑市话电缆 A、B 端的区分为:以标准线做第一对线,顺时针确定线序的为 A 端,反之为 B 端。

(3)选用原则

对称电缆 A 端用红色标志,又叫内端伸出电缆盘外,常用红色端帽封合或用红色胶带包扎,规定 A 端面向局方。另一端为 B 端用绿色标志,常用绿色端帽封合或绿色胶带包扎,一般又叫外端,紧固在电缆盘内,绞缆方向为反时针,规定外端面向用户。

在电缆施工中,必须十分注意电缆的端别,特别是在星绞式长途对称电缆的施工中,要求做到一般电缆的 A 端与相邻电缆的 B 端相接。上行方向为 A 端,下行方向为 B 端。

2)对称电缆线序

对称电缆不但规定了电缆的端别,而且还规定了线序及四线组组序。这样做的目的,除使设计、施工及维护统一标志外,还便于记忆和应用。

四线组的组序规定:对同层同一线径的四线组无论是 A 端还是 B 端,红组(四线组扎线为红色)为第Ⅰ组。若是 A 端,则顺时针编序号,依次为第Ⅱ组、第Ⅲ组等;若是 B 端,则逆时针编序号,方法同 A 端。

对于一个四线组四根导线的线序是:芯线绝缘是红色的为第 1 根导线,白色为第 2 根导线,蓝色为第 3 根导线,绿色为第 4 根导线。应用时,1、2(红、白)线构成一个双线回路;3、4(蓝、绿)线构成另一个双线回路。

对绞组的线序规定见前面"缆芯色谱"的部分。

全塑市话电缆多为全色谱的,单位式结构中往往以 25 对(或 10 对)为一个基本单位,并按色谱规定其芯线顺序,由内层向外层编号。

典型工作任务 2　对称电缆的接续和成端

1.2.1　工作任务

1. 通过学习,学会使用扣式接线子和模块式卡接式接续法完成全塑市话电缆接续的基本操作,要求工艺符合相关规范。

2. 通过学习,理解全塑市话电缆的成端方法。

3. 通过学习,了解长途对称电缆的接续方法。

1.2.2　相关配套知识

对称电缆的接续和成端在维护和施工中都是非常重要的工作项目,下面将分述全塑市话电缆接续和长途对称电缆接续和成端的主要方法和步骤。

1. 全塑市话电缆接续

全塑市话电缆芯线的接续,是全塑市话电缆敷设施工中的一个重要的部分。在质量上要求较高,一方面必须接续可靠和长时期保持应有的性能,以保证通信畅通;另一方面要求施工有较高的效率,劳动强度低、操作简便、易于掌握;同时,还要求工料费少,并适合架空、直埋或管道等各种使用场合。

全塑市话电缆芯线接续主要有扭接法、扣式接线子接续和模块卡接式接续法,我国现在主要采用后两种。

在全塑市话电缆芯线压接接续中,一般都是采取措施让导线在接续处保持一定的机械压力。导线连接后其电阻值决定于导体材料的电阻、两接触面间的接触电阻和因污染或氧化而产生的薄膜电阻。

任何金属表面在显微镜下都能看出是凸凹不平的,当两个金属面间彼此接触时,不平的尖顶部分互相接触而构成了电的连通。如果施加于接触面两侧的压力增大,那么微小的接触点就会变形而形成更大的接触面和更多的新的接触点,以产生足够的承受面积来支持所施加的压力。在使用接线子压接条件下,压力使材料的总体变形,使其实际的接触面积将显著增大,但与外观的几何面积相比则仍然是很小的。

由于电流到达接触面时,只能通过真正接触的小区域,这就相当于接触面的实际面积减小了,其结果表现为接续处有一定的接触电阻,其电阻值与所用导体的电阻率、材料硬度、粗糙度及所受压力等因素有关。当接触压力增大时,接触电阻减小,导体的硬度与电阻率增大时,接触电阻则增大。

金属表面通常都覆盖一层污染物或腐蚀产物的薄膜。当这种薄膜很薄时,例如 1.5 nm 以下时,薄膜对接触电阻值的影响可以忽略不计。当薄膜的厚度继续增大时,薄膜处的电阻值将迅速增大,当薄膜的厚度达到一定值时,覆盖在导体上的氧化膜电阻可高达几个兆欧。在这种情况下,必须首先清除或破坏金属导体表面的氧化膜,使其重新露出金属表面再进行接续,才能得到较小的接触电阻。

铜导体上的氧化铜膜,其击穿电压为 10 mV/nm。由于薄膜一般都厚于 5 nm,因此击穿电压应在 50 mV 以上。在击穿过程中,电流将通过氧化膜形成金属桥,并通过此桥而导通,击穿后在接触点上的电压降应介于该金属材料的熔化点电压和软化电压之间。铜的熔化点电压为 430 mV,软化点电压为 120 mV。当薄膜击穿电压低于上述数值时,金属桥将不会形成,击穿后的电阻仍然很高。因而芯线的接续除了要考虑增大和保持接触面间的压力外,还要做到两点:一是要除去或刺穿任何存在于导线表面上的不导电薄膜,因为信号电压不一定能够击穿它;二是让这些接触面上没有或不产生新的氧化膜,这就需要有足够的、牢固的气密接触面。

同时,不仅在正常状态下使金属接触面上没有接触空气的可能,还要保证在昼夜和季节性的温差下,当出现金属的胀缩时,仍然不让氧气和腐蚀性气体进入接触面,以免产生新的氧化膜。否则久而久之,接触面的有效面积将会逐步减小,最后将导致接头失效。因而,如何能长期保持接触面的气密状态是需要认真考虑的。

因此归纳上述各点,芯线接续应该满足以下要求:在芯线接续过程中,要除去或刺穿导线表面的不导电薄膜;在接头处要有一个紧密的接触面,形成一个可靠的气密面接触状态,即两金属导体之间,不透进空气;接续后要在芯线接头处长期保持稳定与持久的压力,这个压力应能保证接触面的气密状态,防止新的氧化膜产生,压力也应能增加接触面,使接触电阻降低;芯线接头应加硅脂保护,以便与外界空气隔离,以免再生成新的氧化膜。

下面分别介绍扣式接线子接续和模块式卡接接续两种具体的接续方法。

1)扣式接线子接续

扣式接线子外形及内部结构分别如图 1.15 和图 1.16 所示。它由扣身、扣帽、U 形卡接片三部分组成。扣式接线子接续方法一般适用于 300 对以下电缆,或在大对数电缆中接续分歧电缆。

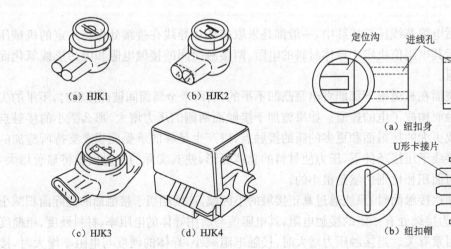

(a) HJK1 　　 (b) HJK2

(c) HJK3 　　 (d) HJK4

图 1.15　扣式接线子外形图

定位沟　　进线孔

(a) 纽扣身

U 形卡接片

(b) 纽扣帽

图 1.16　扣式接线子内部结构图

全塑市话电缆接续长度及扣式接线子的排数应根据电缆对数、电缆直径及封合套管的规格等来确定。接线子排列及接续长度见表 1.7。

表 1.7 接线子排列及接续长度

电缆对数	接线子排数	接续长度(mm)
25	2~3	149~160
50	3	180~300
100	4	300~400
200	5	300~450
300	6	400~500

扣式接线子压接时,为了保证接续良好,要求将待接续的接线子完全放入钳口内,钳口要平行夹住接线子扣盖和扣身上下两个平面,钳口张合时应完全平行不可偏斜。

直接吸分歧接口扣式接线子排列示意图分别如图 1.17 和图 1.18 所示。

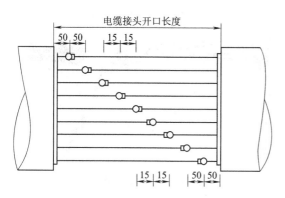

图 1.17 直接口扣式接线子排列示意图(单位:mm)

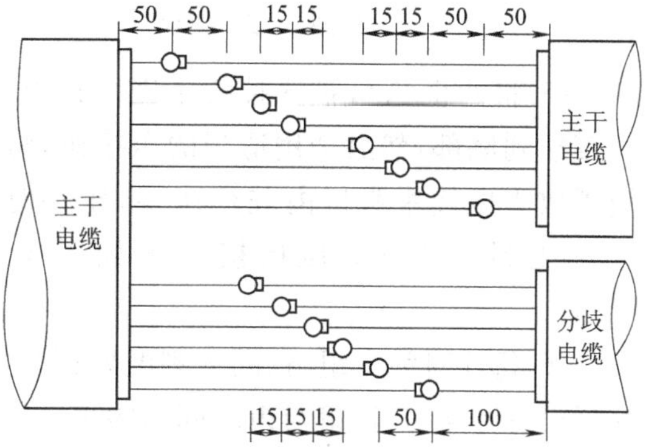

图 1.18 分歧接口扣式接线子排列示意图(单位:mm)

扣式接线子接续操作方法及步骤如下:

(1)根据电缆对数、接线子排数,剥开电缆护套,注意电缆芯线留长应不小于接续长度的1.5 倍。电缆开剥如图 1.19 所示。

(2)剥开电缆护套后,按照扎带颜色分开各单位束,并临时用包带捆扎,以便操作。分扎如图 1.20 所示。

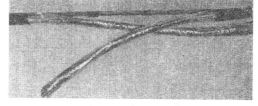

图 1.19 电缆开剥

(3)按色谱挑出第一个超单位线束,将其他超单位线束折回电缆两侧,将第一个超单位线束编好线序。编排第一个超单位线序如图 1.21 所示。

图 1.20 分扎

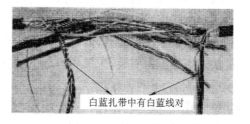

白蓝扎带中有白蓝线对

图 1.21 编排第一个超单位线序

(4)按编号和色谱顺序,挑出第一对线(白蓝),芯线在接续扭线点疏扭3～4花,留长5 cm,对齐剪去多余部分,要求4根导线平直、无钩弯。A线接A线,B线与B线压接。扭绞及其规范分别如图1.22和图1.23所示。

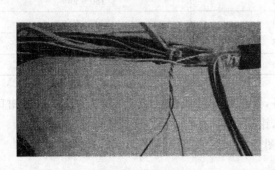

图1.22　扭绞

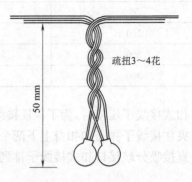

疏扭3～4花

50 mm

图1.23　扭绞规范

(5)将两根A线插入接线子进线孔内,并一直插到底部,然后选用适当的压接钳,将接线子放入压接钳钳口内进行压接,压接时要注意压到底为止。压接接线子如图1.24所示。

(6)每5对为一组,在同一刻度处扭绞,需注意第一组与切口、组与组之间的距离。扭绞成组如图1.25所示。

图1.24　压接接线子

(7)重复上述步骤。红组、黑组扭绞成组后如图1.26所示。

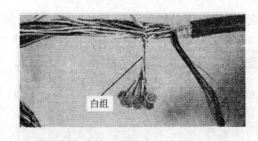

白组

图1.25　扭绞成组

图1.26　多组扭绞成组

2)模块式卡接接续

模块式卡接接续具有接续整齐、均匀、性能稳定、操作方便和接续速度快等优点。一般模块式卡接一次能接续25对。

利用模块式卡接接续可进行直接、桥接和搭接,大对数电缆常用这种方法。

模块式卡接排由底板、主板和盖板三部分组成。主板由基板、U形卡接片、刀片组成。基板由塑料制成上、下两种颜色,靠近底板一侧与底板颜色相同,一般为金黄色,靠近盖板一侧与盖板颜色一致,一般为乳白色。一般用底板与主板压接局方芯线,主板与盖板压接用户芯线。模块式卡接排的结构如图1.27所示。

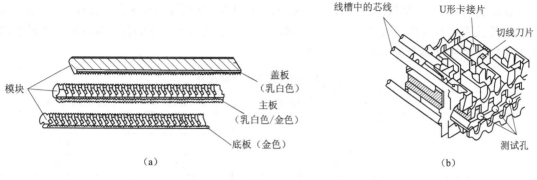

图 1.27　模块式卡接排的结构图

用模块式卡接接续时,要用专用的压接工具,压接工具主要由接线架和压接器两部分组成。接线架包括有接线机头 1～2 个、支架管(电缆固定架)、接线机头支架、电缆扣带 2 个、检线梳及试线塞子等组成,模块式卡接排的压接工具如图 1.28 所示。

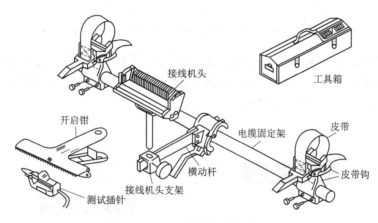

图 1.28　模块式卡接排的压接工具

压接器用来提供导线压接时的动力,常用手动液压器。它常由液压器主体、夹具和高压软管等组成,液压器提供 30 MPa 的压强,可对顺好线的底板、主板、盖板进行压接,加压时先旋紧气闭旋钮,上下扳动手柄,听到液压器发出"唧、唧"声时,压接工序完成。压接器如图 1.29 所示。

模块式卡接接续有以下规定:

(1)按设计要求的型号选用模块式卡接。

(2)接续配线电缆芯线时,模块下层接局端线,上层接用户端线;接续中继电缆芯线时,模块下层接 B 端线,上层接 A 端线;接续不同线径芯线时,模块下层接细线径线,上层接粗线径线。

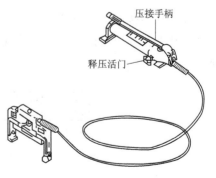

图 1.29　压接器

(3)模块排列整齐,松紧适度,线束不交叉,接头呈椭圆形。

(4)无接续差错,芯线绝缘电阻合格。

接续前,首先准备接线工具及接续器材,安装接线架,并把接线机头装在接线架上;电缆接续长度及模块式卡接排排数,应根据电缆对数、芯线直径及接头套管的直径等确定。两排模块式卡接接续尺寸可参考表1.8。

表1.8　模块式卡接接续尺寸

对数	线径(mm)	接续长度(mm)	直接头直径(mm)	折回接头直径(mm)
400	0.4	432	66	69
	0.5		74	81
	0.6		79	107
600	0.4	432	79	89
	0.5		89	104
	0.6		97	133
1 200	0.4	432	107	135
	0.5		114	160
2 400	0.4	483	157	198

全塑市话电缆护套开剥长度,根据电缆芯线接续长度而定。一般一字形接续(直接头)开剥长度至少为接续长度的1.5倍。例如:接续长度为483 mm,则护套开剥长度至少为483×1.5=724.5(mm),护套开剥长度如图1.30所示。

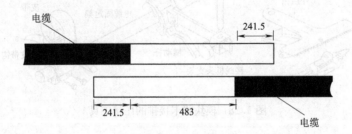

图1.30　护套开剥长度(单位:mm)

模块式卡接的排列:一般400~1 200对电缆按两排模块安排。1 200对(含)以上的电缆一般也按两排模块安排,但也可根据套管长度、直径安排3~4排。模块式卡接的排列及间隔如图1.31所示。

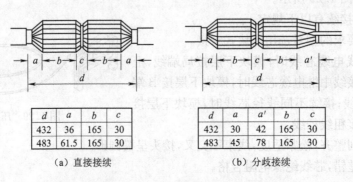

d	a	b	c
432	36	165	30
483	61.5	165	30

d	a	a'	b	c
432	30	42	165	30
483	45	78	165	30

（a）直接接续　　　　　　　　（b）分歧接续

图1.31　模块式卡接的排列及间隔(单位:mm)

模块式卡接接续 100 对超单位的接续顺序,应先下后上,先远后近。全塑市话电缆的备用线对,应采用扣式接线子接续。

下面介绍模块式卡接接续操作方法及步骤:

(1)将开剥的电缆相对固定在接线支架上,并装好模块转换座,固定电缆如图 1.32 所示。

(2)接线模块的底板安装在接线器的固定位置,并使底板的切角一端靠左,安装接线模块的底板如图 1.33 所示。

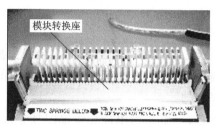

图 1.32　固定电缆

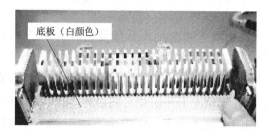

图 1.33　安装接线模块的底板

(3)将局端芯线第一个基本单位的线对,按线对编号顺序通过色谱分别按"A(领示色)左 B(循环色)右"卡入底板线槽内,局端芯线卡入底板线槽如图 1.34 所示。

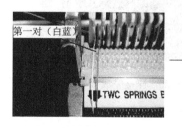
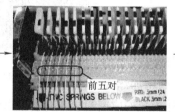
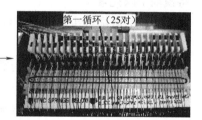

图 1.34　局端芯线卡入底板线槽

(4)检查 A、B 线及色谱是否正确,将检查流滑至左边时仅有 A 线出现,滑向右边时仅有 B 线出现。同时检查是否有两根芯线在同一线槽内,有无空线槽,如图 1.35 所示。

(5)主板,切(斜)角的位置在左上方,如图 1.36 所示。

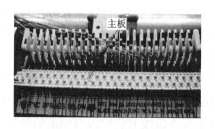

图 1.35　检查　　　　　　　　　　　图 1.36　主板位置

(6)将应相接的用户侧芯线,按线号、色谱顺序卡入主板上部线槽中,仍为"A 左 B 右",如图 1.37 所示。

(7)盖板,切(斜)角的位置在左上方,如图 1.38 所示。

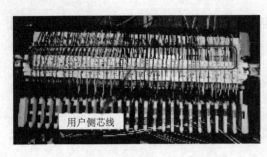

图 1.37　用户侧芯线卡入底板线槽

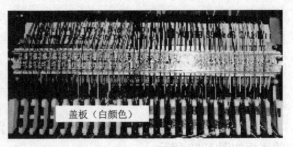
图 1.38　盖板

（8）用检查流检查 A、B 线及色谱是否正确，方法同上。

（9）接机的夹具加在盖板上进行加压。当听到液压器发出"唧、唧"声，同时多余线头被切断时表明压接已经良好，此时三块模板紧紧结合在一起成为一个整体模板。同时主板上的 U 形卡接片刺破上下两层使它们导通，切线刀片切掉多余线头。

（10）弹簧上取下切断的余下线头，卸下压接机夹具，一个基本单位的压接即算完成，如图 1.39 所示。用同样的方法接续其他基本单位。

（11）为了便于维修，应用绝缘胶带在中央将模块予以扎紧。

3）市话电缆接头热缩套管封合

（1）接续套管的种类

接续套管按品种分可分为热缩套管、注塑熔接套管和装配套管。热缩套管是利用加热使

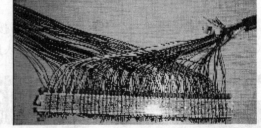
图 1.39　压接完成

套管径向收缩，使套管与电缆塑料外护套构成密封接头；而注塑熔接套管则是利用熔融塑料在一定压力下进行注塑，使套管与电缆塑料外护套熔接成密封接头；装配套管则是不使用热源，利用密封元件装配使套管与电缆外护套构成密封接头。

按结构特征分则可以分成圆管式、纵包式和罩式。圆管式（O 形）是指套管的主体部分截面为圆形或多边形的管状，圆管式套管要在电缆芯线接续前套在待接续电缆上；纵包式（P 形）是指套管主体沿纵向有一条或两条开口，在电缆芯线接续以后，套管可以纵包在电缆芯线接头之外，利用必要的连接件，使纵向开口连成一体，形成完整的密封套筒；罩式是指套管的一端开口，另一端为圆罩形，电缆进、出口都在套管的开口端。

按是否用于电缆气压维护系统分可分为气压维护用套管和非气压维护用套管。气压维护用套管用于额定气压为 70 kPa 的气压维护电缆中，即接续套管能长期承受 70 kPa 的内部压力，而气压维护用套管用于电缆非气压维护系统中，例如用于不充气系统或填充电缆接头密封。正常情况下接续套管中没有恒定的高气压，但接头仍应维持密封。非气压维护用套管有加强型和普通型之分，必要时可使用加强型。

按直通或分歧分可分为直通型和分歧型。直通型套管一端进，另一端出，两端各接入一根电缆；分歧型套管的一端或两端接入两根或更多根电缆。当套管本身的结构既允许直通使用也允许分歧使用时，可以不加区分。

（2）全塑市话电缆接续套管的形式代号和规格

①形式代号如图1.40所示。

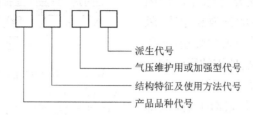

图1.40 全塑市话电缆接续套管的形式代号

②全塑市话电缆接续套管的规格代号见表1.9。

表1.9 全塑市话电缆接续套管的规格代号

形式代号名称	型分类	代号	形式代号名称	型分类	代号
产品品种	热缩套管	RS	是否气压维护或加强	气压维护用	A
	注塑熔接套管	ZS		非气压维护用加强型	J
	装配套管	ZP		非气压维护用普通型	—
结构特征	圆管式	Y	派生	分歧型	F
	纵包式	B		直型	—
	罩式	Z			

③热缩套管型号、规格代号举例 气压维护用纵包热缩接续套管，允许接头线束最大直径122 mm，允许电缆最小直径38 mm，接头内电缆开口距离500 mm。

表示为：RSBA122×38～500（YD/T590.2—2005）。

（3）全塑市话电缆接续套管的选用（表1.10）

表1.10 全塑市话电缆接续套管的选用

序号	名称	形状	适 用 场 合
1	热缩套管	O形或片形	填充型和非填充型电缆（自承式电缆除外）架空、管道、埋式敷设时可采用，成端接头也能采用
2	注塑套管	O形	只能用于聚烯烃护套充气维护的管道电缆和埋式电缆，成端电缆也能采用
3	机械式套管	上下两半或筒、片形	填充型和非填充型电缆（自承式电缆除外）架空、管道、埋式敷设时可采用
4	接线筒	底盖两部分	一般用于300对以下的架空、墙壁、管道充气电缆
5	多用接线盒	底盖两部分	用于非填充型不充气维护的自承式或吊挂式架空电缆

（4）缩套管组件

国产热缩套管RSB热缩套管组件如图1.41所示。

(5)全塑市话电缆接续套管的技术要求

全塑市话电缆线路的外界环境复杂、多变,外界影响因素较多,既要考虑经常性因素,如夏季烈日照射、严冬的低温和冰凌、风雨和气温变化及潮气水分带来的影响,又要考虑突发现象如雷电、台风、地震的影响和电力烧伤、直流管线的泄漏腐蚀等影响。根据电缆线路的维护经验,电缆线路的故障大部分发生在电缆接头封合处,因此选用合适的封

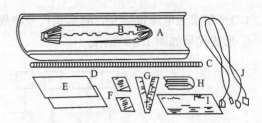

图 1.41　国产热缩套管 RSB 热缩套管组件
A—热缩包管;B—金属内衬筒;C—不锈钢夹条(拉练);
D—夹条连接和;E—铝箔(隔热铝箔);F—清洁剂;
G—砂皮条;H—分歧夹;I—施工说明书;J—屏蔽连接线

合材料和方式,正确进行全塑市话电缆接头封合对设计、施工和维护工作具有极其重要的意义。

①接续套管在下列环境条件下应能维持正常工作。

a. 环境温度:−30 ℃~60 ℃。

b. 环境大气压力:86~106 kPa。

c. 接续套管施工环境温度应在−10 ℃~45 ℃范围内。

②接续套管的各主要部分的尺寸,应符合相应的产品标准规定。

③接续套管无论是气压维护型或非气压维护型,其性能均应满足检验要求。

④能防潮防水。

⑤要有一定的机械强度。

⑥能重开重合。可以重新打开,重新封合,并尽可能节省费用。

⑦要有较长的使用寿命。

(6)全塑市话电缆接头封合的技术要求

①具有较强的机械强度,接头应能承受一定的压力和拉力。

②具有良好的密封性,能达到气闭要求。

③便于施工和维护方便,操作简单。

(7)全塑市话电缆接续套管的封合方法

①冷接法

用于架空电缆、墙壁电缆和楼层电缆(采用带硅脂的接线子接续,防潮性能较好)等,接续套管有多用接线盒、接线筒、玻璃钢 C 形套管、装配式套管(剖管)等。前三种接续套管主要应用于架空电缆,后一种适用于填充型或充气型电缆。

②热接法

热接法大体有:热缩套管封合法、注塑 O 形套管封合法和辅助 O 形套管包封法。

(8)操作方法及步骤

电缆芯线接续完毕后,在电缆两端口处,安装专用屏蔽线,对已接续芯线进行包扎,如图 1.42 所示。

在电缆接续部位,安装金属内衬套管,并把纵剖面拼缝用铝箔条或 PVC 胶带黏接固定,如图 1.43 所示。

图 1.42　包扎

把内衬管的两端全部用 PVC 胶带进行缠包,如图 1.44 所示。

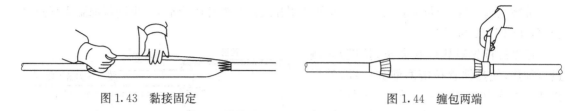

图 1.43　黏接固定　　　　　　　　　　　图 1.44　缠包两端

用清洁剂清洁内衬管的两端电缆外护套,长度为 200 mm,如图 1.45 所示。

再用砂布条打磨电缆清洁部位,如图 1.46 所示。

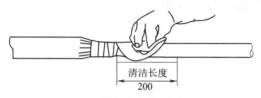

图 1.45　清洁剂清洁(单位:mm)

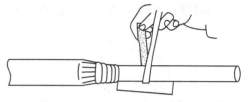

图 1.46　打磨电缆清洁部位

在热缩套管两侧向内侧 20 mm 处的电缆护套划上标记,如图 1.47 所示。

把隔热铝箔贴缠在电缆所划的标记外部,如图 1.48 所示。

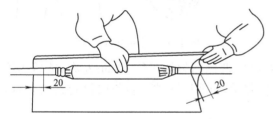

图 1.47　划标记(单位:mm)

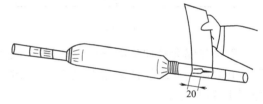

图 1.48　贴缠隔热铝箔(单位:mm)

用钝滑工具平整隔热铝箔,如图 1.49 所示。

用喷灯加热金属内衬管和铝箔之间的电缆护层约 10 s,其表面温度为 600 ℃ 左右,如图 1.50 所示。

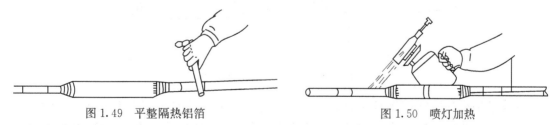

图 1.49　平整隔热铝箔　　　　　　　　　图 1.50　喷灯加热

将热缩套管居中装在接头上,如遇有分支电缆时,应装上分歧夹,如图 1.51 所示。

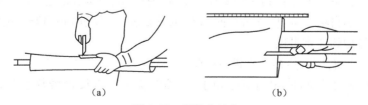

(a)　　　　　　　　　　　　　(b)

图 1.51　安装分歧夹

分歧电缆一端,距热缩套管 150 mm 处应用扎线永久绑扎固定后,方可进行加温烘烤热缩套管,如图 1.52 所示。

用喷灯首先对热缩管夹条(拉链)两侧进行加热,使热缩管拉链两侧先收缩,然后再从热缩管中下方加热,如图 1.53 所示。

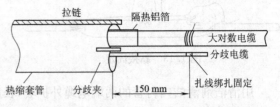

图 1.52　安装分歧夹的规范要求

热缩套管下方加温收缩后,喷灯向两端(先从任一端)圆周移动加热,温度指示漆应均变色,直至完全收缩,再把喷灯移到另一端也是圆周移动加热,直至整个热缩管收缩成形,如图 1.54 所示。

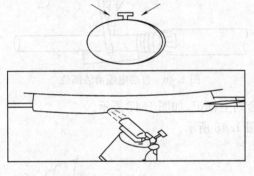

图 1.53　加热热缩管

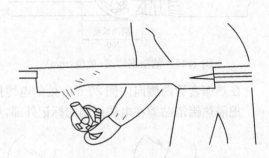

图 1.54　热缩管收缩成形

整个热缩套管加热成形后,再对整个夹条(拉链)两侧均匀加热约 1 min 左右,然后用锤子柄轻轻敲打热缩管两端弯头处夹条(拉链),使热缩套管夹条(拉链)与内衬套紧密黏合,如图 1.55 所示。

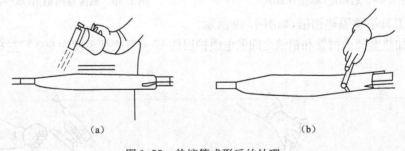

(a)　　　　　　　　　　　　　　　(b)

图 1.55　热缩管成形后的处理

整个热缩套管加热成形,应平整、无折皱、无烧焦现象,温度指示漆均应变色,套管两端应有少量热熔胶流出,如指示色点没有完全变色或套管两端无热熔胶流出,应再次用喷灯(中等火焰)对整个热缩管进行加热直到达到要求。架空和挂墙电缆接头固定,要求接头位置稍高于电缆,形成接头两端自然下垂,使雨水往两端流,接头的夹条(拉链)必须安放在电缆的下放。

(9)热缩套管加热注意事项

a. 在安装套管前,应对热缩套管进行检验。

b. 在封合热缩套管时,使用喷灯必须小心,喷灯头不能直接接触热缩套管,火焰要求中等、均匀。

c. 具有绿色指示漆的热缩套管,指示漆应完全消失且无烤焦现象。

d. 热缩套管的两端周围热熔胶应均匀溢出。

e. 热缩套管上的白色指示线应正直、不歪。

f. 分歧夹保持原位,没有移动,并应有热熔胶溢出。

g. 接续后的套管必须检查,不得遗漏。

h. 当遇到热缩套管收缩最小内径大于电缆的外径时,可采用一段适当大小的塑料电缆(带有热缩端帽)或用尼龙棒,插入热缩套管内,形成二分歧。

i. 如采用 RSY 系列圆形热缩套管时,应在芯线接续前套进电缆。

2. 长途对称电缆接续

1)常用工具、材料

(1)工具

偏嘴钳、剥线钳、火烙铁、钢卷尺、密封钳、喷灯、丁烷小喷枪、克丝钳、钢锯、电工刀、电缆刮刀。

(2)材料

焊锡丝、热可缩聚乙烯管、聚氯乙烯管、电缆纸、聚氯乙烯带、硅胶、硅胶袋、接续卡片、酒精棉球、玻璃纸、铁绑线、白带布、棉纱、焊锡、热熔胶、透明胶带、热可缩带。

2)编线序,区分 A、B 端

(1)区分 A、B 端

识别长途电缆端别时,应面对电缆断面。对多个四线组来说,绿组在红组的顺时针方向时,该端为 A 端,反之则为 B 端。对一个四线组来说,绿线在红线的顺时针方向时,该端为 A 端,反之则为 B 端。

(2)编线序

长途电缆线序编号规定为:各层均以标记四线组(一般为红组)为最小线组,面对 A 端按顺时针方向编号,由内层向外层;单根信号线排在最后,编号顺序同四线组。

3)接续前准备工作

(1)准备工作

不论是在接头坑或人孔内进行接续工作,其场所均应尽量保持平整、无杂物、无积水。如在人孔内进行接续工作,应将电缆固定在托架上,放好工具,清点材料。如在地下进行接续工作,应做如下准备工作:

①挖接头坑。

②在接头坑里固定电缆支架。

③支小帐篷或撑伞。

④将电缆固定在电缆支架上,注意弯曲半径不得小于电缆直径的 15 倍。

⑤放好工具,清点材料。

(2)剥除护套

①切断多余电缆,注意检查电缆中有无余气,确认电缆端别。芯线对号,测绝缘可根据情况安排在接头的前一天进行。在距电缆端头 700 mm 处用电工刀或电缆开剥器环切一刀,然后自环切处向电缆端头纵切一刀,剥掉外护套,为防止切伤铝护套,纵切时将刀口倾斜。

②在距外护套切口约 20 mm 处用铁线将钢带绑扎 2～3 圈,如图 1.56 所示。

③松开钢带,用钢锯在铁绑线外边缘锯断钢带,力求整齐。

④用喷灯在铝护套上均匀加热,趁热剥除防腐垫层,清除沥青,然后用棉纱将铝护套擦洗干净。擦洗长度从钢带切口算起约 300 mm。

⑤用聚氯乙烯带在铝护套及钢带环切处绕包 2～3 层以防加热时沥青溢出。

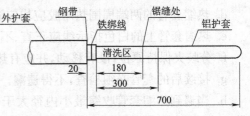

图 1.56　绑扎钢带(单位:mm)

⑥用钢锯或开剥器在距钢带切口 180 mm 处(钎焊加灌注法为 215 mm)将铝护套环锯一周,锯口深度为锯护套壁厚的 2/3,然后用手轻轻折断铝护套抽出取下,再用电工刀在铝护套断口内壁边缘去毛刺。用白布带环绕切口两圈,1/2 要塞入芯线与护套间隙中。

⑦用黏胶带将缆芯外部隔热层(电缆纸)在端头处黏牢,以防芯线散开。无隔热层的应扩孔加电缆纸(隔热),电缆开剥各部分尺寸标准如图 1.57 所示。

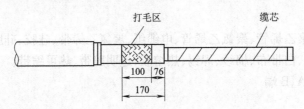

图 1.57　电缆开剥各部分尺寸标准(单位:mm)

4)副套管焊接

(1)涂底锡

①用钢丝刷在距离铝护套切口处 50～150 mm 范围内将铝护套四周打毛(图 1.57),以清除铝护套表面既有氧化层(Al_2O_3),钢丝刷必须专用且不得粘有油污。打毛痕迹应成网状以增加底料与铝护套的结合强度,严禁用其他工具打毛。

②打毛后立即用喷灯对打毛区四周均匀加热约 20 s,使铝护套表面温度达到 150 ℃～200 ℃,然后,立即用铝底锡条在加热区往复涂擦(注意:一定要靠铝护套的温度熔化铝底锡),再迅速加热,用钢丝刷在涂铝底锡部位划小圈循序研磨或用钢丝刷在涂铝底锡部位一次擦刷,以进一步破坏铝氧化层,使铝底锡牢固浸润在铝护套上。

③涂第二道铝底锡(步骤同上)。

④涂底焊锡。趁铝护套温度未降之前,用低温焊锡条(锡与铅的比例是 35∶65)迅速均匀地在已涂铝底锡的上面涂上一层焊锡,防止铝底锡氧化。

⑤用石蜡在底锡区靠电缆塑料护套侧进行冷却,严禁石蜡直接接触底锡。为了保证芯线绝缘层不被高温破坏,涂底锡总时间不得超过 2 min。

(2)副套管的焊接

①用棉纱擦净副套管内、外壁(加灌注时,副套管内部应打毛)。

②用电工刀刮去副套管焊接部位的氧化层(小口径侧需刮内、外壁),如图 1.58 所示。

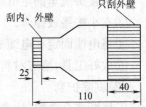

图 1.58　去除副套管焊接部位的氧化层(单位:mm)

③用喷灯加热副套管,在已刮除氧化层部位,涂上一层焊锡。

④将连接线(5×0.9 mm 铜线)的一端预先镀上焊锡,然后穿过副套管,将 5 条铜线并排倒钩在副套管小口径侧的边缘上,如图 1.59 所示。

⑤将副套管套入焊接部位,副套管的焊接方式和焊接位置、尺寸,如图 1.59 所示。

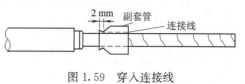

图 1.59　穿入连接线

⑥在副套管的大口径端临时塞入清洁的支撑物以防松动(禁止用棉纱或其他化纤材料做支撑物),在小口径端用木槌敲打收口,使其与铝护套密贴,收口区应不小于 20～30 mm,以增强机械强度。

⑦在副套管待焊部位的下面放接锡盘,按下列顺序完成副套管的钎焊:

a. 堆锡。用喷灯将焊锡熔堆在焊件上部,同时在铝护套上均匀加热。

b. 勾缝。在用喷灯熔化锡条的同时,对副套管和铝护套的焊接区均匀预热,然后先推少量焊锡,边加热边堆锡,重点对接缝处均匀涂一层焊锡。

c. 补强。用喷灯熔化焊锡条再堆足够数量的焊锡,同时边加热边用焊布堆、抹、揉,使焊锡均匀分布,表面呈弧形。要求接缝处焊锡厚度不小于 4 mm,接缝两侧焊脚为 21～20 mm,成形后立即用石蜡冷却。

d. 拉光及冷却。用喷灯微火将成形的焊锡表面重新熔化一薄层,用焊布转抹焊锡表面使之光亮,拉光后用石蜡冷却,撤下临时放在副套管内的支撑物。

技术要求:一端副套管的整个焊接过程,要在 6 min 内完成;接头封焊严禁使用硬脂酸或其他带腐蚀性助焊剂;在焊接过程中,焊件受到震动有裂痕时,必须推掉重焊。

(3)钢带与铅护套的焊接

钢带与铅护套的焊接可适当选用下列两种方法:

①点焊法。用砂布在钢带切断处边缘的上部将钢带和铅护套各打毛 1 cm² 左右,然后用喷灯涂上焊锡,再在上面用火烙铁及焊锡丝加焊。焊点面积不得小于 1 cm²。

②连接线法。用砂布在钢带切断处边缘及副套管斜面过渡后紧靠近小口径侧各打毛 1 cm² 左右,然后用喷灯涂上焊锡,用 7 根 0.9 mm 裸铜线平排将这两点连接起来,并用火烙铁及焊锡丝在两端加焊。

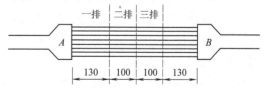

图 1.60　四线组接续点的布置
(三排方式)(单位:mm)

5)芯线的接续

(1)接点的排列方式

①三排方式。四线组接续点的布置如图 1.60 所示,具体的分组及色标见表 1.11。

②二排方式。四线组接续点的布置如图 1.61 所示,各四线组接续点的排列按奇数组(对)和偶数组(对)分别排在接续点上。

(2)按接续卡片仔细确认交叉程式,分组环距扭接点 30 mm,色线压入分组环处。将应接的两根芯线按顺时针扭一两花扭在一起,如图 1.62 所示。

表 1.11　四线组节选点的分组及色标

排序		高低频四线组				信号四组线			信号线对	信号线		同轴对
第一排	组号	1	4	7	10	1				1		4
	色别	红/白	白	白	白	红				红		蓝
第二排	组号	2	5	8	11	13	2	4	1	2	5	1,2
	色别	红	绿	黄	蓝	白	绿	橙棕	对扭	绿	白	3,4
第三排	组号	3	6	9	12	3				3		
	色别	蓝/白	蓝/白	蓝/白	蓝/白	棕				白		

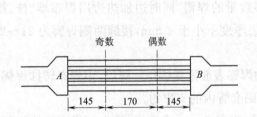

图 1.61　四线组接续点的布置(二排方式)(单位:mm)　　　图 1.62　分组扭绞(单位:mm)

(3)用捋线钳或刮线夹、偏口钳捋线,不得伤及芯线。

(4)按前松后紧的原则将两根芯线继续扭接到一起,最后剪掉多余的芯线,在扭接芯线的尾部用烙铁、锡锅烫上焊锡。禁止使用焊锡膏及有腐蚀性的助焊剂,芯线接续的扭绞长度及加焊尺寸如图1.62所示。一个四芯组内,四根芯线长度偏差应小于5 mm。

注意:焊接时速度要快,焊接要光滑、圆润。最后用酒精棉球擦去浮在焊锡表面的松香。

(5)芯线绝缘层密封:将加工好的交联聚乙烯管(末端热熔胶加热密封),套入芯线的绝缘层处,填入热熔胶条,用乙烷小喷枪对交联聚乙烯封口处加热,使其收缩待热熔胶溶化后达到密封为止,如图1.63所示。

(6)将每个四线组的红白接头倒向B端,蓝绿接头倒向A端,使芯线接头均匀分布,如图1.64所示。

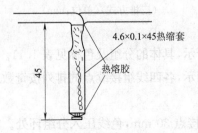

图 1.63　芯线绝缘层密封(单位:mm)

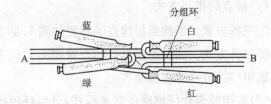

图 1.64　排列芯线接头

(7)所有芯线接完后应仔细检查交联聚乙烯管有否破损,同时将芯线整理平顺、整齐。

(8)缆芯包扎和铝护套连接线的焊接过程如下:

①对接续完的全部芯线,要进行电气性能测试,确认全部合格之后,方能包扎。

②用 25～50 mm 宽的聚乙烯带按 30% 的重叠率包扎两层,尾部垫玻璃纸用火烙热熔黏牢。

③在聚乙烯带的外面以同样方法绕包两层电缆纸,尾端用透明胶带黏牢,绕包电缆纸时将接头卡片夹在中间。

④在电缆纸外面捆扎一袋硅胶。

⑤将前已焊好的连接线上套上聚乙烯套管,将两侧连接线对插缠绕加锡焊接。

6)铅主套管的封焊

(1)将铅套管移到两副套管之间,与副套管重叠 20 mm(最少不得小于 15 mm)。

(2)用木槌敲打收紧铅套管口使其与副套管密贴,在焊接部位的下面放上接锡盘。

(3)用焊锡按副套管焊接时的堆锡、勾缝、造型、拉光、冷却几个步骤进行焊接,要求焊接缝两侧的焊脚应大于 25 mm,在焊缝处的最小厚度应大于 5 mm,如图 1.65 所示。

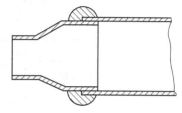

图 1.65 铅主套管的封焊

(4)副套管采用钎焊加灌注工艺时,主套管焊接过程中应用棉纱蘸冷水放在环氧树脂部位冷却降温,防止环氧树脂受热产生裂纹,影响质量,发现有蒸汽从棉纱中逸出时,要及时更换棉纱或重浸冷水。

(5)本接头如需连接地线时,应用长 1.5 m 的 7 股 1.37 mm 的铜芯塑料线,一端用焊锡焊在铅套管的中间部位,另一端连接地线,如图 1.66 所示。

7)电缆接头防腐

电缆接头防腐对电缆接头寿命、电缆线路的稳定起着非常重要的作用,中修后的电缆接头,应采用热熔胶加热缩带或热缩管进行防腐。为了中修的方便与灵活性,采用热缩带防腐方式更好一些。

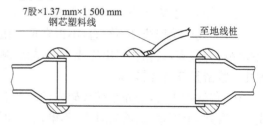

图 1.66 接地

(1)用热熔胶加热缩带防腐施工工艺

首先将被防腐部位如图 1.67 所示,用钢丝刷打毛(冬季要用喷灯对铝护套加温),然后用丙酮擦净打毛处。用热熔胶带重叠在防腐部位绕一层,接着绕一层重叠 50% 的热缩带(如果热缩带上已涂有热熔胶,就不要绕热熔胶了),用喷灯小火边加热边缠绕使热缩带紧固,待热熔胶熔化到热缩带两端有胶液溢出为止。然后如第一层一样绕一层热熔胶一层热缩带烘烤一层,共绕三层,就可达到防腐的目的。

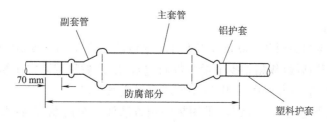

图 1.67 防腐

(2)用热缩套管防腐施工工艺

与前述内容相似,故此处不再重复。

3．对称电缆成端

1)成端电缆的制作

局内成端电缆的选择及成端电缆双裁法把线编扎技术要求如下:

(1)成端电缆应选择阻燃、全色谱、有屏蔽的电缆,一般采用 HPVV 或 PVC 全塑市话电缆。

(2)成端电缆的量裁。如果成端电缆只有一条时可以采用单裁法。作两条或更多条时应采用双裁法。双裁法是将一条电缆从当中分裁为两条,双裁后两条电缆的线序号相反,一条从外向里编号,一条从里向外编号。双裁方法如图 1.68 所示。

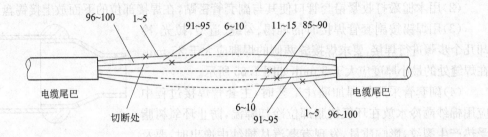

图 1.68 双裁方法示意图

(3)编扎竖列把线根据配线架的高度采用不同程式的保安排容量。有穿线板的采用扇形式编扎,采用 20 回线保安排时把线每 5 对一出线,打双扣;无穿线板的按梳形编扎,把线每 100 对一出线,打双扣,扎成 Z 形,用塑料扎带(尼龙扎带)扎紧。

(4)编扎成端把线必须顺直,不得有重叠扭绞现象。用蜡浸麻线扎结须紧密结实,分线及线扣要均匀整齐,线扣扎结串连成直线,然后缠扎 1～2 层聚氯乙烯带(顺压一半)作为保护层,缠扎要紧密整齐、圆滑匀称。

(5)布设把线时,应先在配线架的横铁板上选定把线位置。在该处缠 2 层塑料条,再将把线顺入直列,上下垂直、前后对齐、不得歪斜,再用蜡浸麻线将把线绑扎在横铁板上。

(6)芯线与端子焊接时先分明 A、B 端,不得任意颠倒,再将芯线绝缘物刮净并绕在接线端子上两圈,锡焊时要求牢固光滑。

(7)保安排是绕线端子的,应采用绕线枪在接线端子上密绕 6 圈半,半圈为导线带有绝缘皮的,以防绝缘皮倒缩。

(8)保安排是卡接端子的,采用专用下具将线对压入刀片,余长线头自动切断,用手轻拉线对,检查是否卡接牢固。

2)电缆成端接头

(1)**热注塑套管法**

①将 HYA 电缆端头剥开 650 mm 以上并将单位芯线约 50 mm 处用 PVC 胶带扎牢。在电缆切口处安装屏蔽地线(规格根据电缆对数而定)。用自黏胶带固定小塑料管,将堵塞剂料灌注入小塑料管内,待 24 h 凝固后用 80 kPa 压力做充气试验。

②在堵塞小管下边约 50 mm 处,采用热注塑方法注一个内端管,将大外套管套在 HYA 电缆上。

③根据上列电缆的外径在外端盖上打孔及打毛处理,然后套在电缆上。芯线采用模块接线排压接的方法进行接续。

④如果外套管内容量较大,25回线模块排可加装防潮盒子,用非吸湿性扎带或PVC胶带将接线排捆扎牢固,测试检查有无坏线对。

⑤大套管与内端盖之间的接缝处打毛清洁,装好模具进行注塑,要求大外套正直。

⑥如果芯线接续模块已加装防潮盒,外端盒打毛后采用自黏胶带密封,并在外边缠2层PVC胶带保护。

⑦一般接线模块在大套管内必须注入442胶(填充电缆接头使用大442胶),灌满为止。再盖好外端盖,将大套管与内端盖之间的接缝处打毛清洁,采用自黏胶带密封,在外边缠2层PVC胶带保护。

⑧引出的屏蔽地线与地线排连接牢固。

(2)热可缩套管法(详见本典型工作任务前述内容)

①根据成端接续接头对数的大小可采用O形和片形热可缩套管,并做清洁处理。

②将电缆摆好位置,画线并剥去外护套,在每个单位的心线端头约50 mm处用PVC胶带扎牢,并在电缆切口处安装屏蔽地线。心线接续采用模块接线排。

③接续后进行测试,无坏线对后再用非吸湿性扎带或PVC胶带扎牢,同时恢复缆芯包带或缠2层聚酯膜带。

④安装铝衬,铝衬两端采用PVC胶带扎牢,要求铝衬位置端正。

⑤将热可缩外套管摆放在接头中央,根据要求在电缆接口两端用金属带保护,同时在上列电缆一端装好分歧夹。

⑥如采用片形热可缩管时,先把片形位置放好,装好金属拉链,电缆上装金属黏胶带,并在上列电缆一端装好分歧夹。

⑦采用乙烷进行热可缩套管加热烘烤,要求先烤中间后烤两端,火焰要均匀。烤至热可缩管花纹变色,两端流出热熔胶为止。

⑧片形管的金属拉链外应多烤,烤好后采用木槌轻轻击打,使金属拉链与热可缩紧压效果好。

典型工作任务3　对称电缆的测试

1.3.1　工作任务

1. 通过学习,弄清对称电缆测试的项目和基本指标。
2. 通过学习,使用相关仪器仪表进行对称电缆的测试,要求使用方法规范、正确。
3. 通过学习,了解相关测试测量仪表的基本原理。

1.3.2　相关配套知识

1. 电缆线路障碍测试

1)电缆线路障碍种类

通信电缆常见障碍的分类如下。

(1)混线

同一线对的芯线由于绝缘层损坏相互接触称为混线也叫自混。相邻线对芯线间由于绝缘层损坏相碰称为他混。接头内受过强拉力或受外力碰损使芯线绝缘层受伤的部位常造成混线情况。

(2)地气

电缆芯线绝缘层损坏碰触屏蔽层称为地气,它是因受外力磕、碰、砸等磨损坏缆芯护套或工作中不慎使芯线接地而形成的。

(3)断线

电缆芯线一根或数根断开称为断线,这种现象一般是由于接续或敷设时不慎使芯线断裂、受外力损伤、强电流烧断所致。

(4)绝缘不良

电缆芯线之间以塑料为绝缘层,由于绝缘物受到水和潮气的侵袭,使绝缘电阻下降,造成电流外溢的现象称为绝缘不良。它一般是由接头在封焊前驱潮处理不够,或因电缆受伤浸水,或充气充入潮气等原因造成芯线绝缘长期下降所致。

(5)串、杂音

在一对芯线上,可以听到另外用户通话声音,叫串音;用受话器试听,可以听到"嗡、嗡"或"咯、咯"的声音,称为杂音。线路的串、杂音主要是由于电缆芯线错接或破坏了芯线电容的平衡、线对接头松动引起电阻不平衡、外界干扰源磁场窜入等影响而造成的。

实际电缆障碍可能是几种类型障碍的组合,比如:芯线接地障碍同时会造成线对自混;在电缆浸水、受潮比较严重时,所有的芯线及芯线对地之间的绝缘电阻均很低,就同时存在自混、接地和他混障碍现象。在判断障碍性质时应注意加以鉴别。

2)电缆线路障碍测试

在日常维护工作中,电缆发生故障时应尽快地恢复通话,必要时采取"先重点,后一般"和"抢多数,修个别"的原则,迅速排除障碍并防止扩大范围,确保电话畅通。这样就需要维护人员在排除故障时,首先应判断故障的性质,并选择仪器及时测定障碍位置,再进行修复工作。

要做到测量结果准确,应做到以下几点:

(1)对于测量基本原理和仪表的使用方法必须掌握。

(2)对于导线的变化要有准确的记录。

(3)测量过程中,应注意温度对导线电阻的影响。

(4)测量时操作要小心、测量要耐心、观察要细心。

3)电缆线路障碍测试的基本步骤

电缆线路障碍测试一般有障碍性质诊断、障碍测距与障碍定点三个步骤。

(1)障碍性质诊断是在线路出现障碍后,使用兆欧表、万用表、综合测试仪等确定线路障碍性质与严重程度,以便分析判断障碍的大致范围和段落、选择适当的测试方法。

当电缆发生障碍后,应对障碍发生的时间、产生障碍的范围、电缆所处的周围环境、接头与人孔井的位置、天气的影响及可能存在的问题进行综合考虑。

(2)障碍测距

使用专用测试仪器测定电缆障碍的距离又叫粗测,即初步确定障碍的最小区间。

(3)障碍定点

根据仪器测距结果,对照图纸资料,标出障碍点的最小区间,然后携带仪器到现场进行测试,作精确障碍定位。这时,可根据所掌握的电缆线路的实际情况,结合周围环境,分析障碍原因,发现可疑点,直至找到障碍点。例如,如发现在确定障碍的范围内有接头,就大致可以判定障碍点就在接头内。在现场还可以采用其他辅助手段,如使用放音法、查找电缆漏气点等找出障碍点的准确位置。

一般来说,成功的障碍点查找要经过以上三个步骤,否则欲速则不达。

4)电缆线路障碍测试方法综述

目前,在电缆障碍查找中的主要方法有以下方法。

(1)电桥法

电桥法是一种传统的测试方法。利用电桥原理,可以测定电缆的各种障碍点与测量端之间的距离等数据,并且可以进行电缆的电气性能测试。

电桥法的优点是原理简单、仪器制造成本低,在早期的电缆障碍测试中应用较普遍。但早期电桥测试方法操作复杂,测试时要求对方配合,测量精度受环境温度、电磁干扰等因素的影响较大。随着电子技术的进步,现已研制出基于微处理器的智能电桥仪器。智能电桥采用先进的电路设计及数据处理技术,简化了操作,有效地消除了温度、电磁干扰等影响,把电桥法测试技术提高到了一个新水平。

(2)放音法

放音法用于直接探测电缆障碍的部位,其原理是在电缆的障碍线对上,输入一个功率较高的音频电流信号,产生较强的交变磁场,穿透外皮扩散到电缆的外部;根据电磁感应原理,利用带有线圈的接收器,放于电缆的上方,电缆中交变的电磁场就可以在接收器中产生感应信号。在线路障碍点上,由于芯线上的交变电流受到线路障碍的影响而突然下降,甚至消失,因而障碍点前后接收到的信号也就有明显的区别,这样就可以判定电缆的障碍点。该方法应用时易受外界环境干扰的影响,仅适用于测量电阻较小的混线障碍。

(3)查漏法

该方法通过检查充气电缆的漏气点,判断障碍点的大致范围,沿电缆逐点排除干扰进行检测,找到障碍点。但不适用于查找直埋电缆的障碍点。

(4)脉冲反射法

脉冲反射法又叫雷达法或回波法,向电缆发送一个电压脉冲,利用发送脉冲与障碍点反射脉冲的时间差与障碍点距离成正比的原理确定障碍点。

脉冲反射法最早用于长途电缆线路障碍的测试中。由于市话电缆对高频脉冲信号的衰减大等原因,在市话电缆线路障碍测试中遇到了困难。随着科学技术特别是现代微电子技术的发展,该测试方法及其仪器有了很大进步,其灵敏度也大大提高,已成功地应用到了市话电缆线路障碍测试中,并在世界范围内得到了推广,成为市话电缆线路障碍测试的主要手段。我国在20世纪90年代初推出了市话电缆线路障碍测试仪器。目前,全国各地已有上千个单位采用了国产脉冲测试仪器,它们在解决市话线路障碍查找难的问题中发挥了重要作用。

早期的脉冲反射仪器主要还是靠人工调整仪器、识别回波波形来判断障碍点距离。随着技术的进步,现在的仪器具备了自适应调整测试范围、信号幅度及计算机辅助识别回波波形以确定障碍点距离的功能。脉冲测试仪器的发展趋势是不断提高仪器的自动化水平。

(5)综合测试仪器

脉冲反射法依赖于障碍点阻抗的明显变化,不适用于测量电阻值比较大的绝缘不良障碍,而电桥法能够测量电阻值高达数兆欧姆的障碍点。近来研制出的将脉冲反射法及电桥法相结合的综合测试仪器基本可以解决现场遇到的各种通信电缆障碍的测试问题。

2. 电缆环阻测量

电缆环阻测量的仪表通常采用 QJ-45 电桥。

1)QJ-45 电桥电路的基本原理

电桥电路基本形式如图 1.69 所示。

若电桥电路平衡,则流经电阻 R 上的电流为零。电桥平衡的条件为相邻桥臂上的电阻的比值相等(或相对臂上的电阻值的乘积相等)。根据这一特点,当电桥平衡时,若桥臂上四个电阻值已知三个,可求得第四个。电桥就是根据电桥平衡的原理制成的。

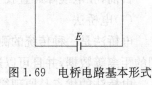

图 1.69 电桥电路基本形式

如图 1.70 所示,在直流电桥中,为了测试未知电阻,将图 1.69 中的电阻 R_D 换成待测电阻 R_x;为了调节电桥的平衡,将图 1.69 中的电阻 R_C 换成可调电阻 $R_{可调}$;为了观测电桥是否平衡,将图 1.69 中电阻 R 换成检流计。当电桥调试平衡后则:

$$R_x = \frac{R_A}{R_B} R_{可调}$$

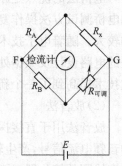

图 1.70 直流电桥

2)QJ-45 电桥面板结构

QJ-45 电桥的面板结构如图 1.71 所示。

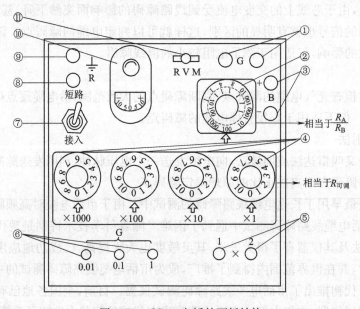

图 1.71 QJ-45 电桥的面板结构

①—外接指示器或监听耳机;②—比率臂旋钮;③—外接电源或蜂鸣器;④—比较臂旋钮;⑤—被测线路接线端;
⑥—检流计分流按钮;⑦—断接开关;⑧—比较臂引出端;⑨—连接地线或电缆屏蔽层;
⑩—检流计;⑪—状态开关

QJ-45 电桥面板上各部件功能如下:

(1)G 接线端。外接检流计接线柱,若电桥内检流计灵敏度低时,可以接灵敏度高的检流计。当外接检流计或耳机时,内接检流计自动从电路断开,并且本身短路。

（2）比率臂旋钮。用来改变 R_A 和 R_B 之比,有八挡。

（3）B(＋,－)接线端。外接电源接线柱,电桥内部电源为 4.5 V,为了提高电桥灵敏度或延长测试距离,可以外接较高电压。当外接电压超过 22.5 V(最大 200 V),每伏应串接 50 Ω 的限流保护电阻。

（4）比较臂旋钮。共四个,用来选择四组串联的电阻箱,并使电桥平衡。

（5）X(1,2)接线端。连接被测线路接线端。

（6）G 按钮。检流计分流按钮,共分三挡,0.01、0.1、1 表示电桥由粗到细的平衡状态,内、外接检流计转换开关。

（7）R 接线端。比较臂引出端,当本机比较臂不够用时使用。

（8）地。接地接线端。

（9）检流计。判断电桥是否平衡的指示器,是一种高灵敏度检流计,也是本仪器的核心部件。

（10）R—V—M 电键。测量方法变换电键,扳向"R"为测量未知电阻(普通电桥法);扳向"M"为可变比例臂测试法(茂来法);扳向"V"为固定比例测试法(伐来法)。

3)QJ-45 电桥使用注意事项

（1）使用时电桥要平放。

（2）应正确使用仪表,正确选择比率臂,按 G 按钮时一定要按照 0.01、0.1、1 的顺序,否则易损坏表头。

（3）在使用前,如表的指针不在 0 位,应校正表的指针指向 0 位。

（4）在测量环路电阻时,指针指向"＋"时,增加比较臂阻值,指针指向"－"时,减小比较臂阻值。

（5）仪表不用时,及时取出电池。

4)电桥法测试环阻的操作方法及步骤

（1）测量环路电阻的电路如图 1.72 所示。

$$X = \frac{A}{B}R$$

式中 A/B——比率臂指示值;

　　　R——比较臂指示值;

　　　X——环路电阻的阻值。

（2）将芯线末端短路(混线)。

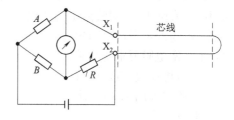

图 1.72 测量环路电阻的电路图

（3）将断接开关扳向"断开",状态开关扳向"R",转动检流计旋钮,使指针指向"0",如图 1.73 所示。

图 1.73 电桥开关状态选择图

（4）将被测芯线始端(测试端)接在仪表 X_1 和 X_2 端子上,开关扳向"接入",估计被测电阻值,选择(调整)合适的比率臂,如图 1.74 所示。

图 1.74   电桥比率臂选择图

（5）在调电桥平衡前，一般使比较臂旋钮处于中间数值。

（6）先按下"0.01G（粗调）"按钮，观察检流计指针偏向。当指针指向"＋"时，增加比较臂阻值；当指针指向"－"时，减小比较臂阻值；当指针指向"0"时，说明电桥基本平衡。重复上述步骤，依次按"0.1（中调）""1（细调）"G 挡分别调比较臂旋钮直至电桥平衡。

平衡后，进行读数，如图 1.75 所示。

图 1.75   电桥读数图

（7）电桥比较臂的读数：$(R)=1\ 000\times1+100\times0+10\times9+1\times8=1\ 098$；比率臂值：$(R_A/R_B)=1/10$；待测电阻的环阻：$(R_x)=(R_A/R_B)\times R=1/10\times1\ 098=109.8\ \Omega$。

注意：在测量阻值大于 104 Ω 时，若发现检流计指针偏转不显著，可在仪器 G 接线端子外接高灵敏度检流计。

3. 不平衡电阻测量

正常情况下，电缆每一对线路的两根导线的电阻值应该相同，因为它们的线径、长度、材料都相同。实际上，一对线路中的两根导线的电阻很难绝对相等，它们之间的差值就叫作不平衡电阻。电缆的不平衡电阻超过了一定限度，就会造成信号泄漏，产生串音干扰等不良现象，因此对不平衡电阻要求越小越好。

（1）所用仪表：直流电桥。

（2）接线如图 1.76 所示。

（3）测试方法：

①请配合的人将被测回线外线对端混线接地，用万用表确认外线为混线接地良好。

②此时不平衡电阻测量的连线如图 1.76 所示，仪器的比率臂调节在 1/1 处。电键扳向 V 的位置，电桥取得平衡时的比较臂读数，即为导线的不平衡电阻值 ΔR。此时 $\Delta R=R_a-R_b$。

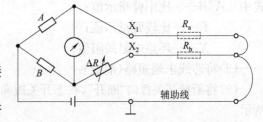

图 1.76   不平衡电阻测量接线图

③当遇有电桥不能取得平衡时，只需将两根导线 L_1 和 L_2 的位置对调即可使电桥平衡。

④欲取小于 1 Ω 的读数时可使用内插法求得，如：当测试不平衡电阻时，设 R_0 等于 2 Ω，而检流计指针向右离开"0"点 5°。改变 R_0 电阻由 2～3 Ω 时，检流计指针向左离开"0"点 20°，因此检流计 5°所相当的电阻偏差等于：

$$\frac{1}{20+5}\times5=0.2\quad(\Omega)$$

则实际导线不平衡电阻应是 $2+0.2=2.2\ \Omega$。

4. 接地电阻测量

电缆接地电阻通常采用地阻测试仪进行测量。下面以 ZC-8 型接地电阻测量仪为例介绍接地电阻的测试方法。

1)ZC-8 型接地电阻测量仪

ZC-8 型地阻仪一般由手摇交流发电机、电流互感器、检流计等组成。

（1）接地电阻测试仪面板图

接地电阻测试仪的面板如图 1.77 所示。

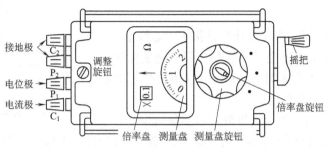

图 1.77　接地电阻测试仪面板图

（2）接地电阻测试仪按钮介绍

接线端钮：接地极（C_2、P_2）、电位极（P_1）、电流极（C_1），用于连接相应的探测针。

调整旋钮：用于检流计指针调零。

倍率盘：显示测试倍率，×0.1、×1、×10。

测量标度盘：测试标度所测接地电阻阻值。

测量盘旋钮：用于测试中调节旋钮，使检流计指针指于中心线。

倍率盘旋钮：调节测试倍率。

发电机摇把：手摇发电，为地阻仪提供测试电源。

（3）接地电阻测试器电路

接地电阻测试器电路如图 1.78 所示。

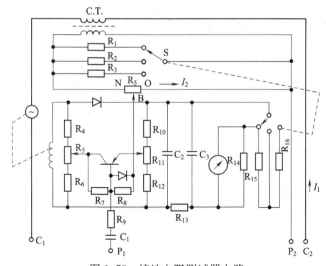

图 1.78　接地电阻测试器电路

2)操作方法及步骤

图 1.79 是测试接地装置接地电阻的示意图,E 指的是接地体,C、P 为辅助接地棒。操作步骤如下:

(1)沿被测接地 E(C_2、P_2)和电位探针 P(P_1)及电流探针 C_1 依直线彼此相距 20 m,使电位探针处于 E、C 中间位置,按要求将探针插入大地。

(2)用专用导线将端子 E(C_2、P_2)、P_1、C_1 与探针所在位置对应连接。

(3)将仪表水平放置,有检流计指针指于中心线上。

(4)用手转动发电机摇把(模拟型)并调节测量标盘使指针始终指于中心,转速达到 120 r/min 且指针指于中心线,停摇、指针稳定、读数即可。

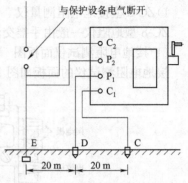

图 1.79　接地电阻测试示意图

被测电阻值(Ω)＝测量盘指数×倍率盘指数

(5)当检流表的灵敏度过高时,可将 P(电位极)地气棒插入土壤浅一些。当检流表的灵敏度过低时,可在 P 棒和 C 棒周围浇上一点水,使土壤湿润。但应注意,绝不能浇水太多,使土壤湿度过大,这样会造成测量误差。

(6)当有雷电或被测物带电时,应严格禁止进行测量工作。

当然随着智能化技术的发展,现在已经大量出现了数字型、钳口式地阻仪,使用更加方便,测试更加稳定。

3)电缆线路的防护接地电阻标准

(1)长途电缆的防雷保护系统接地电阻应小于 4 Ω,困难地区应不大于 10 Ω。

(2)电气化区段长途电缆的屏蔽地线 4 km 一组时接地电阻应小于 4 Ω;在有人通信站应小于 1 Ω,条件困难时最大不超过 2 Ω;在变电所附近应小于 2 Ω。

(3)电气化区段的区间通话柱外壳需要接地,其接地电阻应小于 50 Ω。

(4)地区电缆的防雷接地电阻一般不应超过 10 Ω。

5.绝缘电阻测量

这里以 QZ3 型兆欧表为例介绍绝缘电阻测试的方法。

1)QZ3 型兆欧表简介

QZ3 型兆欧表是绝缘电阻的通用测试仪器,其测量范围 0～500 000 MΩ,测试电压分三挡,即 500 V、250 V、100 V。该仪器面板如图 1.80 所示。

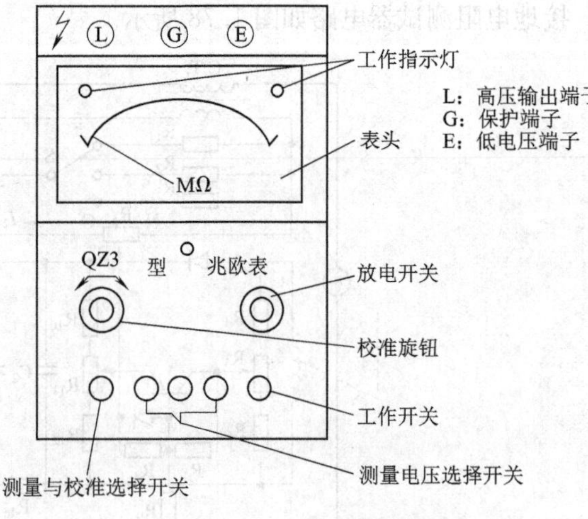

2)操作方法及步骤

(1)准备

图 1.80　QZ3 型兆欧表面板

利用兆欧表测试线路绝缘电阻时,连接有保安排或分线箱的电缆线路应使用不大于 250 V 电压挡位。在电缆线路上没有连接保安设备者,可使用 500 V 电压挡位。

利用兆欧表测试线路绝缘电阻,应先将测量室竖列保安单元拔出及断开用户下线。

测试时,首先将电缆两端护套各剥开 10～20 cm。

(2)校准

首先确定测量电压,然后应将"测量与校准选择开关"打到"校准",按下仪表"开关"键,表头指针逐渐地指向校准线,如果一段时间后表针不指向校准线,应通过调整"校准"钮,将表针调到校准(红)线上。

(3)用兆欧表测试芯线间的绝缘电阻

测试芯线间的绝缘电阻如图 1.81 所示。将兆欧表的 L 接线柱接一根芯线,E 接线柱接至另一根芯线,G 保护环接地,测试时要把仪表放平,然后摇动手摇发电机,转速由慢逐渐加快,表针稳定后即可直接读出绝缘电阻值。

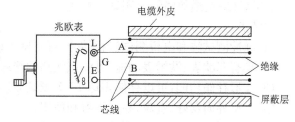

图 1.81　测试芯线间的绝缘电阻

(4)用兆欧表测试芯线对地(电缆屏蔽层)之间的绝缘电阻

测试芯线对地绝缘电阻接线如图 1.82 所示。此时应将芯线与金属屏蔽层之间保持开路,L 接线柱接至被测芯线,E 接线柱接至金属屏蔽层,G 保护环接至芯线绝缘层表面。通过模块型接线子和测试塞子,可测试芯线与地之间的绝缘电阻,测试方法与测试芯线间的绝缘电阻相似。

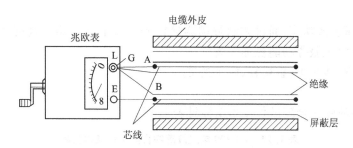

图 1.82　测试芯线对地绝缘电阻接线

(5)放电

测试完毕后应进行放电处理,先将仪表"开关"键按到"关",再按下放电钮 2 s 放电,以免被测物带电,再将被测物与连线断开。

3)绝缘电阻与电缆长度的关系

两线间绝缘电阻的大小与导线长度成反比关系,即线路越长两导线间绝缘电阻越低。设长度 L 千米的线间绝缘电阻为 R_L 兆欧,则换算成 1 km 长的绝缘电阻 R,可由下式推出:

$$\frac{R_L}{R} = \frac{1}{L}$$

$$R = R_L \times L \quad (M\Omega \cdot km)$$

4)不平衡绝缘电阻的计算

设 $R_A > R_B$,则 $(R_A - R_B)/R_A \times 100\% \leqslant 30\%$。

1.3.3 知识拓展——T-C300 电缆故障综合测试仪

T-C300 市话电缆故障综合测试系列仪器适用于测量市话电缆的断线、混线、接地、绝缘不良、接触不良等障碍的精确位置,以便查修障碍,同时可用作工程验收、检查电气特性、查找错接等,是市话线路施工和维护的良好工具,其主要应用有脉冲测试法和电桥测试法。限于篇幅,这里主要介绍电桥测试法。

1. T-C300 电缆故障综合测试仪概述

1)特点

(1)脉冲测试法和电桥测试法相结合,可测试市话电缆的各种类型的障碍。

(2)具有兆欧表、欧姆表功能,可测试线路的绝缘电阻和环阻。

(3)波形存储功能:可以存储多达 10 个测试波形,关机不丢失。

(4)人机界面友好、直观,易于学习和使用。

(5)脉冲测试法具有手动测试与自动测试两种方式,测试手段先进,结果准确。

(6)采用世界首创的双极性脉冲发射技术,提高了有效测试距离,特别适合于测试大线对、细线径全塑市话电缆。

(7)采用大屏幕点阵式液晶显示器,显示的图形、符号、数字清晰,具有背光功能,能在不同光线下获得最佳显示效果。

(8)仪器功能齐全,有直接、比较、差分等功能,以适应不同性质的障碍测试。

(9)具有联机控制功能,通过与计算机连接,便于建立波形数据库及进行波形的自动识别等高级处理。

(10)远程测试服务功能:通过调制解调器(Modem)和电话线路与远程计算机相连,实现异地测试功能,使测试服务功能更加完善。

(11)外形美观、体积小、重量轻、便于携带。

2)技术指标

T-C300 电缆故障综合测试仪技术指标见表 1.12。

表 1.12 T-C300 电缆故障综合测试仪技术指标

脉冲测试法	最大测量范围	8 km	
	发送脉冲宽度	80 ns~10 μs 自动调节	
	测量范围	1 m	测量范围<2 000 m
		8 m	测量范围>2 000 m
	发送脉冲幅度及形状	30 V 单极性脉冲	测量范围<2 000 m
		±30 V 双极性脉冲	测量范围>2 000 m
	测量盲区	<1 m	
电桥测试法	可测故障电阻范围	0~30 MΩ	
	测试精度	±1%×电缆全长	
	测试电压	100 V	
其他参数	使用环境温度	−10 ℃~+40 ℃	
	体积	230 mm×140 mm×170 mm	
	质量	3 kg	

2. 电桥测试法

当发生绝缘不良故障时,故障电阻很高,远远大于电缆波阻抗,脉冲反射微乎其微,无法分辨,需要换用电桥法进行测试。电桥法附带有简易兆欧表和欧姆表功能。

1) 工作原理

仪表采用的是比例计算法,测出芯线从测量点到故障点电阻和全长电阻的比值,再乘以电缆全长,即得到故障距离。

2) 兆欧表和欧姆表功能

电桥测试附带有 100 V 兆欧表和欧姆表功能,可以测量绝缘电阻和环阻。在现场测试时,如果手头没有兆欧表和万用表,可以用这功能代替(测试结果供参考)。

(1) 兆欧表功能

导引线"电桥"所对应的三条测试线中的黑色和红色(或蓝色)测试线可以用来进行兆欧表测试。例如要测试某一芯线对地绝缘电阻,将黑色夹子接地。红色或蓝色夹子接待测芯线。按"测试"键,片刻后,结果显示在屏蔽最上部。以绝缘电阻为 1.2 MΩ 为例,如果是用红色和黑色夹子测试,显示为"红黑 1.2 M 蓝黑 ∞ 未环路",如果用蓝色和黑色夹子测试,显示为"红黑 ∞ 蓝黑 1.2 M 未环路"。

这种功能可以用来寻找故障线和好线。选绝缘电阻最低的一条故障线作为待测故障线;选一条绝缘电阻尽量高的线作为辅助线,在对端和故障线环路。

(2) 欧姆表功能

红色和蓝色测试线可以用来进行欧姆表测试。例如要测试某一线对的环路电阻,将红色和蓝色夹子分别接两芯线。按"测试"键,片刻后结果显示在屏幕最上部,假如环阻 2 300 Ω 则显示为"绝缘 ∞ 环阻 2 300 Ω"。

3) 电桥测距接线方法

以下以最常见的芯线对地绝缘不良故障(接地)为例。

(1) 确定电缆故障区间,如局和某交接箱之间或两个交接箱之间。区间的两端分别叫作近端和远端,在近端接仪器测试,在远端做接线配合。

(2) 在所有故障线中找出一条对地绝缘电阻较小且稳定的线作为待测故障线,在线路两端将故障线与其他线路(如局内设备、用户线)断开。

(3) 再找出一条对地绝缘良好的芯线作为辅助线,在两端将与其连接的其他线路断开。好线对地电阻要高于故障线对地电阻 100~1 000 倍以上,越大越好。

(4) 在远端将好线与故障线良好短接。

(5) 将测试导引线控制盒开关打到"电桥"挡,对应的三条测试线中,红、蓝色测试线接故障线和好线,黑色线接地。接地故障接线如图 1.83 所示。

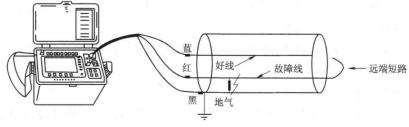

图 1.83 接地故障接线图

（6）自混和他混故障的测试接线除了黑色夹子接线不同外,其他和接地接线一致,自混和他混故障接线分别如图 1.84 和图 1.85 所示。

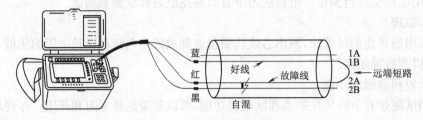

图 1.84　自混故障接线图

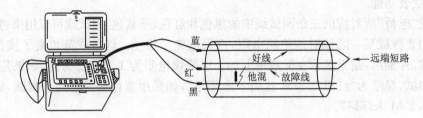

图 1.85　他混故障接线图

（7）电桥测试的接线对测试成败至关重要,也比较繁琐,要注意:红色和蓝色测试线一定对应远端环路的电缆芯线;另外,红色和蓝色两条测试线,在测距时可以不必区分谁接好线,谁接坏线,仪器能够自动识别。

4）电桥测试

在测试前,应仔细检查接线是否正确,尤其要确认对端是否已环路。

按"测试"键,这时屏幕左下部显示"请稍候…",仪器首先测量线路绝缘电阻和环路电阻,显示于屏幕最上部,如图 1.86 所示。

如果电缆对端没有短接,则分别显示红线对黑线的绝缘电阻、蓝线对黑线的绝缘电阻,以及"未环路"字样。这时需要检查接线是否正确,然后再重新测试。

如果接线正确,则仪器会继续进行内部调整、增益调节、测量并计算,最后得到故障距离和全长的比例:"故障距离/线路全长"。例如故障距离为 600 m,全长为 1 000 m,则得到的比值为 60%。整个测试过程大约需要 1 min。

图 1.86　电桥测试按"测试"键

5）输入线路全长,计算故障距离

以上只是得到了故障距离与线路全长的比值,要得到确切的故障距离数值,需要知道线路全长,再将两者相乘。

（1）得到电缆全长

要得到电缆全长,有两种方法:一种是查阅图纸,将电缆各段长度相加即得到电缆全长,注意电缆在两端和接头处的盘留都要计入在内;另一种是利用仪器的脉冲测试法测量全长。

（2）电缆不分段时的输入方法

一般情况下,待测电缆的故障区间由同一线径的电缆组成,电缆不分段,这时输入线路全长即可。如线路全长为1 580 m,在仪器上输入"1 580",输入完成,按"计算"键,将会得到故障距离如图1.87所示。

（3）电缆分段时的输入方法

有些情况下,待测电缆故障区间由数段不同线径的电缆组成,由于不同线径的芯线有不同的单位长度电阻,如果不校准,最后得到的故障距离误差将会较大。这时需要通过按"分段"键分别输入电缆每一段的长度和线径。

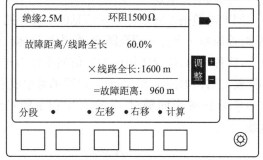

图1.87　电桥测试按"计算"键

6）测试技巧与注意事项

（1）一定要重视接线

电桥测试法接线非常重要,也比较繁琐,一定要认真接线,仔细检查。

首先是选线:好线对绝缘电阻高于故障线对地电阻100～1 000倍以上,越大越好。

其次要搞清红、蓝、黑三线各自接哪里:红色和蓝色测试线一定对应远端环路的电缆芯线。具体哪里接好线,哪里接坏线可以不必区分;黑线一定不可接错,如果是接地故障,黑线一定要接地,如果是混线,则要接在三根芯线中对端未做处理的那一条上。

（2）测试经过了比正常测试长的时间,最后显示"测试失败"

当电缆芯线对数很多,通话十分繁忙时,有时造成这种错误,这时可以多次重复测试,其中可能有几次能得出结果。如果连续多次显示干扰过大,可以等线路相对空闲时再进行测试。

（3）多次复测

为了尽可能的消除干扰,得到正确结果,最好重复测试多次,每次得到的结果越一致,结果越可信;如果相差较大,但其中有几次在某个值附近集中,则可以取这几个的平均值作为结果;如果没有任何规律,说明干扰太大,得到的结果不对,需要等线路相对空闲时再测。

（4）寻找故障点

在寻找故障点时,要将测试结果和周围情况结合考虑。测试结果肯定会有一定误差,距离越远误差越大,根据测试结果判断大概位置也会有误差,因此要在前后一定范围内寻找可疑点。

典型工作任务4　同轴电缆通信线路

1.4.1　工作任务

1.通过学习,弄清同轴电缆的结构、分类、型号等基本概念问题。

2.通过学习,能够熟练完成2 M接头的制作,能够对同轴电缆进行接续作业,要求工艺符合相关规范。

3.通过学习,能够使用相关仪器仪表对同轴电缆进行测试。

1.4.2 相关配套知识

1. 同轴电缆的结构

1) 同轴电缆概述

同轴电缆是以同轴对作为信息的传输回路。同轴对的中心是一根圆柱形的铜线,称为内导体;外面是一个空心铜质圆筒,称为外导体。内、外导体间用绝缘物隔开且内、外导体的轴心重合,这种用内、外导体构成的通信回路称为同轴对。同轴对是一种不对称回路,鱼泡式绝缘小同轴对结构如图 1.88 所示。以同轴对组成缆芯的电缆称为同轴电缆。一般情况下,铁路通信中常用 4～8 个同轴对,兼有一定数量的星绞四线组和若干根信号线组成同轴综合通信电缆。

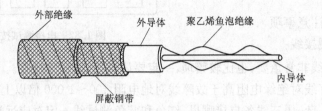

图 1.88　鱼泡式绝缘小同轴对结构

2) 同轴电缆结构

(1) 同轴对的内导体

同轴对的内导体必须是圆柱形的导体,它具有优良的电导率、足够的机械强度和一定的柔韧性。中、小同轴对的内导体均由导电性能良好的实心铜线制成,为保证其电特性,内导体直径公差不能超过 ±0.005 mm。

(2) 同轴对的外导体

外导体的理想结构是沿全长均匀的空心圆筒,要制造这种具有足够柔韧性且无纵缝的外导体,在工艺上是难以实现的。在实际生产中,采用纵包铜带来构成同轴对的外导体。根据纵缝的形式,小同轴对外导体多为皱边式和压痕式,它是在铜带两边缘上压有反向锯齿形波纹,以便纵包时两边缘的波纹互相顶住,以保持圆筒的直径和形状。压痕式是皱边式的派生结构,它是在铜带两边每隔 7～8 mm 有规则的滚压上压痕两边相互错开,纵包时可相互顶住。

(3) 同轴对的绝缘

同轴对内、外导体通过之间的绝缘介质,其轴线才能恰好重合,形成同轴结构。绝缘材料均采用聚乙烯和空气的混合绝缘。绝缘结构形式很多,常用的有管状鱼泡式和垫式,铁路用小同轴对便采用前式。

(4) 同轴对的屏蔽层

为使同轴对有足够的机械强度,防止同缆中各同轴对间、同轴对与对称四芯组间的相互串音,以及外界电磁场对同轴对引起的低频干扰,在同轴对外导体的外面,再绕包两层镀锡钢带作为屏蔽。内层钢带是间隙绕包的,外层镀锡钢带是反向重叠绕包的。中同轴对采用厚 0.15 mm、宽 14.3 mm 的镀锡钢带。为了改善电缆的弯曲性能,中同轴对两钢带均同向间隙绕包。

(5)同轴对的外部绝缘

在镀锡钢带外面,再绕包一或两层厚为 0.25 mm 的聚乙烯带或电缆纸带,以保持同轴对间的相互绝缘,并提高靠近同轴对的其他电缆芯线的对地电气绝缘强度。包覆外部绝缘,也可便于在制造、施工及维护中进行电气测试。

2. 同轴电缆的分类

目前广泛使用的同轴电缆分类有两种,一种是特性阻抗为 50 Ω 的电缆,用于数字传输,由于多用于基带传输,也叫基带同轴电缆;另一种是特性阻抗为 75 Ω 的电缆,用于有线电视系统的模拟传输。

根据内、外导体的结构尺寸,同轴电缆分为微同轴、小同轴、中同轴及大同轴等。其中小同轴和中同轴使用较多。

同轴对的结构尺寸可用 d/D(d 为内导体标称直径,D 为外导体标称直径)表示。小同轴对表示为 1.2/4.4 mm,即内导体标称直径为 1.2 mm,外导体标称直径为 4.4 mm;中同轴电缆尺寸为 2.6/9.5 mm,即内导体标称直径为 2.6 mm,外导体标称直径为 9.5 mm。小、中同轴是国际上的标准尺寸。大同轴是指其结构尺寸比中同轴直径还大的一类电缆。大同轴电缆用得不多,属于非标准型的电缆,有各种不同的结构尺寸,如 5/18 mm、5.5/20 mm 等。

同轴电缆中还有两种专用于射频频段的射频同轴电缆和隧道天线的泄漏同轴电缆。

射频同轴电缆内导体采用单股或多股铜导线,外导体为铜管或铜丝编织结构,外面再包护套的电缆,该电缆主要用作无线电广播、无线电通信(移动通信)站天线系统的馈线或用作电缆电视系统的馈线。这种电缆有传输频带宽、屏蔽性能好、质量轻、易绕曲和结构简单等优点。

泄漏同轴电缆是在同轴管外导体上每隔一定距离开一裸露窗口或打孔,使电磁波可以漏泄到周围空间,泄漏损耗可达(10~40) dB/100 m 且随频率而升高,泄漏电缆的实物外形如图 1.89 所示。泄漏电缆功能类似天线,能够向空间辐射电磁波,适用于隧道、地铁覆盖、大型的多层商业中心、地下交通系统中。它不仅使隧道内行动着的机车与外界通信,也是民用移动通信系统的天馈线。由于漏泄同轴电缆的频带较宽,多个不同的移动通信系统可共用一条电缆。

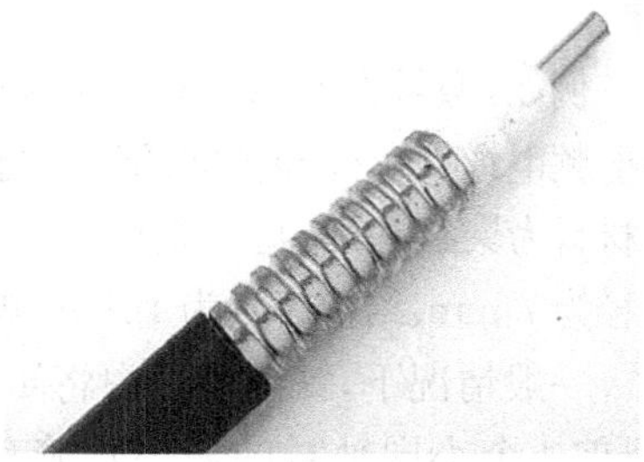

图 1.89　泄漏电缆的实物外形

3. 同轴电缆的型号和端别

根据我国电缆的统一型号编制方法及代号含义[《同轴通信电缆第一部分》(GB/T 17737.1—2013)],同轴电缆的型号由 7 部分组成,如图 1.90 所示。

| 分类代号 | 绝缘代号 | 护套代号 | 派生特性代号 | | 标称特性阻抗 | | 绝缘外径 | | 结构序号 |

图 1.90　同轴电缆的型号组成

表 1.13 给出了同轴电缆中各代号的具体含义。

表 1.13 同轴电缆型号中各代号的具体含义

分类	绝缘	护套	派生特性	标称特性阻抗	绝缘外径	结构序号
S—射频电缆 SE—对称射频电缆 SG—高压射频电缆 SLC—耦合型泄漏同轴射频电缆 SLR—辐射型泄漏同轴射频电缆 SM—水密同轴射频电缆 SW—稳相同轴射频电缆	D—聚乙烯空气 F—聚四氟乙烯实心(PTFE) F46—聚全氟乙丙烯(FEP) FC—微孔聚四氟乙烯半空气 FF—发泡聚全氟乙丙烯(FEP) R—交联聚乙烯实心 U—氟塑料空气 Y—聚乙烯实心 YD—垫片小管聚乙烯版空气 YF—发泡聚乙烯半空气 YK—纵孔聚乙烯半空气 YS—绳管聚乙烯半空气 YW—物理发泡聚乙烯半空气(仅用于 CCAV 电缆)	B—玻璃丝编织浸有机硅漆 D—涤纶丝 F—氟塑料 F46—聚全氟乙丙烯(FEP) FK—可溶性聚四氟乙烯(PFA) G—硅橡胶 H—橡皮 HL—氯丁橡胶 J—聚氨酯 JL—锦纶丝 K—芳纶 R—交联聚乙烯 S—热缩管 T—乙丙弹性体 V—聚氯乙烯 VZ—阻燃聚氯乙烯 Y—聚烯烃 YF—发泡聚烯烃 YZ—无卤低烟阻燃聚烯烃 Z—聚酯	K—铠装 T—铜管 X—浸锡 Z—自承式	50、75	按四舍五入原则修约后的整数,用阿拉伯数字表示	由分规范或详细规范规定

例如:型号为 SYV-75-7-1 的同轴电缆,表示同轴射频电缆、内、外导体间的绝缘材料聚乙烯、外护套材料为聚氯乙烯、特性阻抗 75 Ω、内导体绝缘层外径为 7 mm,结构序号为 1 表示单同轴管电缆。

一般情况下,铁路通信中将 4~8 个小同轴对(目前 4 个小同轴对的最多),兼有一定数量的星绞四线组和若干根信号线组成小同轴综合通信电缆,如图 1.91 所示。所以其型号表示方法和对称电缆相同,也是由七部分组成,各部分的代表符号采用汉语拼音字母和阿拉伯数字表示,其排列顺序如图 1.92 所示。

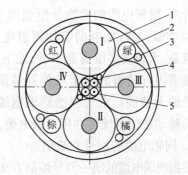

图 1.91 综合电缆结构

1—同轴管;2—高频四线组;3—信号线(红、绿、白、蓝);
4—信号线(蓝、白);5—低频四线组

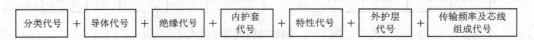

图 1.92 综合通信电缆的型号构成

需要注意的是,当电缆导体为铜(T)及纸绝缘(Z)时,电缆型号中不作表示。在表示分类与用途时,同轴电缆的符号为 HO。其他部分的表示符号与对称电缆相同,此处不再重复。

例如,某综合电缆的型号为:HOYPLWZ22-4×1.2/4.4+4×4×0.9(高)+9×4×0.9(低)+4×4×0.6+6×1×0.9(信),则此时各项目表示的含义分别是:HO—干线同轴电缆;省略—铜导体;YP—内、外导体间是聚乙烯鱼泡绝缘;LW—皱纹铝护套;Z—综合型电缆;22—外护层为钢带铠装二级防腐护层;4×1.2/4.4—缆芯组成为四管小铜轴;4×4×0.9(高)—四个线径为 0.9 mm 的高频四线组;9×4×0.9(低)—九个线径为 0.9 mm 的低频四线组;4×4×0.6—四个线径为 0.6 mm 的业务四线组;6×1×0.9(信)—六根线径为 0.9 mm 的信号线。

由于综合电缆不是以同轴对来单独成缆,是由同轴对并兼有一定数量的星绞四线组和若干根信号线组成同轴综合通信电缆,所以端别的识别方法是以四线组和信号线为主的,方法是面对电缆端:

(1)以四线组扎线(塑料丝或棉纱)颜色识别,当绿线组在红线组的顺时针方向侧时为 A 端。

(2)以四线组芯线绝缘的颜色识别,当绝缘颜色为绿色的芯线、在红色芯线的顺时针方向侧时为 A 端,反之为 B 端。

(3)以单根信号线芯线绝缘的颜色识别,当绝缘颜色为绿色的芯线、在红色芯线的顺时针方向侧时为 A 端,反之为 B 端。

在电缆施工中,必须十分注意电缆的端别,要求做到一般电缆的 A 端与相邻电缆的 B 端相接。上行方向为 A 端,下行方向为 B 端。

4. 同轴电缆的接续

同轴电缆接续,其接续与长途对称电缆接续过程相同,只不过比长途对称电缆接续多了一项同轴对的接续,下面只简单介绍同轴对的接续,其方法主要有两种。

1)吹氧焊接法

小同轴内、外导体的吹氧焊接就是用氧气助燃酒灯的火焰将焊料熔化,使内、外导体焊牢。焊料采用银 15%、铜 80.2%、磷 4.8% 的合金焊料(片状)。

吹氧焊接法的步骤如下:

(1)开剥同轴管。

(2)焊接外导体。

(3)焊接内导体。

(4)恢复内、外导体间的绝缘。

(5)恢复同轴管。

(6)恢复镀锌钢带及塑料带。

2)压接法

采用压接钳将同轴对内、外导体进行压接的接续方法。接续当中,先压接内导体后压接外导体,其他各项步骤与吹氧焊接法基本相同。

5. 同轴电缆测试与维护

1)直流特性测试

(1)环线直流电阻

使用仪表为直流电桥,测试连接示意如图 1.93 所示。

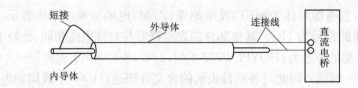

图 1.93　同轴电缆环线直流电阻测试连接

(2)内、外导体间的绝缘电阻测试

使用仪表为兆欧表,测试连接示意如图 1.94 所示。

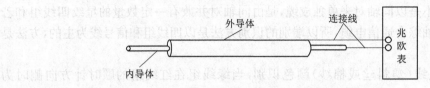

图 1.94　同轴电漏绝缘电阻测试

(3)绝缘耐压测试

使用仪表为耐压测试仪,测试连接示意如图 1.95 所示。

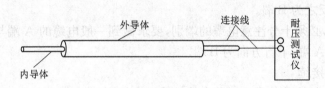

图 1.95　同轴电缆绝缘耐压测试

2)脉冲测试

同轴电缆波阻抗及不均匀性的测试采用脉冲回波测试法,简称脉冲测试法。采用的仪表为电缆脉冲测试仪。测试原理是利用脉冲信号沿电缆回路传输时,在线路的不均匀处引起反射脉冲,将反射的脉冲波形显示在荧光屏上进行观测。脉冲测试可测量同轴电缆两端的波阻抗和内部及接头处反射系数大小,观察不均匀性沿回路长度分布的情况,测试电缆故障的性质,并利用时间标尺测定电缆长度和故障点的位置。

3)常用仪器仪表

QJ-45 直流电桥:用于测量环线直流电阻。

QZ3 兆欧表:用于测量绝缘电阻。

耐压测试仪:用于内、外导体间绝缘的耐压测量。

万用表:利用万用表可初步判断电缆的接地、混线、断线等故障的性质。

6.2 M 线接头的制作

1) E1(2 M)线各种接头简介

标准 E1 物理接头阻抗可选 75 Ω 非平衡或选 120 Ω 平衡。75 Ω 非平衡有 BNC、L9、CC4 和 CC3 几种类型的接头,而 120 Ω 平衡只有 RJ48 接头。

(1)BNC 接头(Q9 接头)

BNC 接头是一种用于同轴电缆的连接器,目前被大量用于通信系统中,如网络设备中的

E1 接口、监控摄像机同轴电缆接头。BNC 接头常用于 75-5、75-3、75-2 同轴电缆,其实物外形如图 1.96 所示。

(2)L9 接头

L9 系列连接器具有螺纹连接机构,连接尺寸为 M9×0.5,特性阻抗为 75 Ω,该产品供通信设备和无线电仪器的射频回路中连接同轴电缆用,用于 75-1 或 75-2 射频同轴电缆,其实物外形如图 1.97 所示。

图 1.96 BNC 接头实物外形

图 1.97 L9 接头实物外形

(3)CC4 接头

CC4 接头连接器具有卡锁连接机构,体积小、连接可靠。CC4 射频同轴连接器,可接 75-2 射频同轴电缆,其实物外形如图 1.98 所示。

(4)CC3 接头

CC3 接头是一种小型推入式连接器,有自锁和不自锁两种,其跨挡的中心距也有 8.6 mm 和 12 mm 两种规格,供低功率用,特性阻抗为 75 Ω,其实物外形如图 1.99 所示。

图 1.98 CC4 接头实物外形

图 1.99 CC3 接头实物外形

(5)RJ-48 接头

RJ-48 接头是在阻抗为 120 Ω 连接时专用的物理接头。标准的 RJ-48 水晶头与 RJ-45 水晶头类似,只是在 1 针脚旁边多一块小凸起,这个凸起的作用是防止 RJ-48 水晶头插入 RJ-45 插座中(RJ-45 水晶头见本项目的"典型工作任务 3")。而实际使用中有时为了测试方便直接使用 RJ-45 头来做 RJ-48 网线。RJ-48 与 RJ-45 的最大不同是针脚定义。RJ-48 使用 1、2 接收,4、5 发送;RJ-45 使用 1、2 发送,3、6 接收。RJ-48 接头的实物外形和特点如图 1.100 所示。

2)数字配线架(DDF)简介

数字配线架(DDF)是数字复用设备之间、数字复用设备与程控交换设备或非话业务设备之间的配线连接设备,其实物外形如图 1.101 所示。

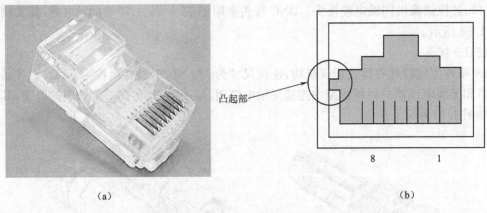

凸起部

8　1

(a)　　　　　　　　　(b)

图 1.100　RJ-48 接头的实物外形和特点

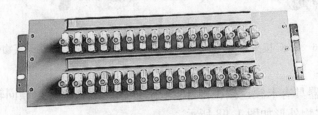

图 1.101　DDF 架实物外形

DDF 架的基本接续原理如图 1.102 所示。图中,R 代表接收信号,S 代表发送信号。线路由 S→R 称一个回路,两条相邻线路方向相反的两个 S→R 形成了两个回路,称一个系统;原则上,一个系统的收发回线应在相邻位置。因此,DDF 架的规格都以系统为单位,有 8 系统、10 系统、16 系统和 20 系统等。

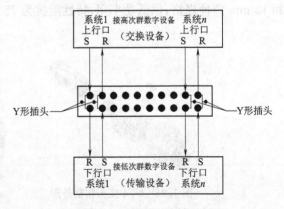

系统1　接高次群数字设备　系统n
上行口　（交换设备）　上行口
S　R　　　　　　　S　R

Y形插头　　　　　　　　　　　　Y形插头

R　S　接低次群数字设备　R　S
下行口　（传输设备）　下行口
系统1　　　　　　　系统n

图 1.102　DDF 的基本接续原理

DDF 架的排列一般采用列式排列,即以列为单位。来自其他设备的 2 Mbit/s 信号通过 75 Ω 的同轴电缆接到架上,电缆与接线座固定连接,以保证接续衰耗最小。在成对的接线座上,左面的接线座为发送接线座,右面的接线座为接收接线座。在电路设计时,通常将同种设备送来的信号集中在一起,设备复用器的发送信号全部接入左面一列接线端子,设备复用器的接收信号全部接入右面一列,由于复接设备采用背靠背形式,因此相邻两个接线座的收发为两套背靠背设备的收发。

在数字通信中,DDF 架能使数字通信设备的数字码流的连接成为一个整体,从速率 2~155 Mbit/s 信号的输入、输出都可终接在 DDF 架上,这为配线、调线、转接、扩容都带来很大的灵活性和方便性。

DDF 架的布线要求整齐划一,同轴电缆与接线座的连接牢固可靠。电缆的两端都有明显的标识以便在故障查找时能迅速准确。

实际上,DDF 也是一种电路调度设备,所起到的作用如下:通过各种相应的塞绳(如同轴电缆塞绳和二芯插头塞绳)或四芯短路插头,为该机房或某几列中数字通信设备提供直接或交叉分配连接,实现固定或临时电路调度,以便能组织灵活调度的电路通信网;同时,也为工程和维护工作提供了非常方便的测试连接点,使对传输设备和线路的检测或调度转换变得容易。

例如,若要调整一些系统进行电路调度,只需在 DDF 上用相应长度的塞绳进行交叉连接即可;若要进行自环测试,将需测试的系统的 Y 形插头拔出(收、发两个),再将 Y 形插头旋转 90°插入相应的插座即可,DDF 架上用 Y 形插头实现环回如图 1.103 所示。

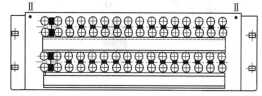

图 1.103　DDF 架上用 Y 形插头实现环回

DDF 所起的另一个作用是可作为数字段或数字链路的分界面。通常,数字段或数字链路总是终接在 DDF 上的。数字传输中继网与程控交换机之分界面可由 DDF 确定下来,即 2 Mbit/s接口与程控交换机中继模块之间的装于 DDF 交换侧端子块。这样,数字中继传输与程控交换机的维护工作分界面便由 DDF 确定下来了,数字传输中继网的维护应包括从一端分界面至对端分界面间所有的数字传输设备,例如数字传输光—电端机、光缆、PCM 专用电缆、电缆 PCM 设备、传输监控设备等。

3)2 M 线接头的制作

(1)将同轴缆外皮剥开如图 1.104 所示。

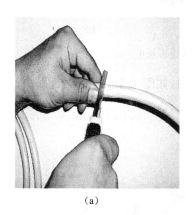　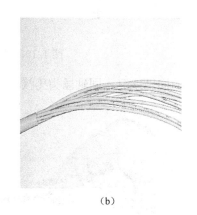

(a)　　　　　　　　　　(b)

图 1.104　同轴电缆开剥

(2)将 2 M 头尾部外套拧开,并将尾部外套、压接套管套在同轴线上,如图 1.105 所示。

(3)用电工刀和斜口钳将同轴缆外皮剥去 12 mm,开剥时力量要适当,注意不能伤及屏蔽网,将露出的屏蔽网从左至右分开,用斜口钳剪去 4 mm,使屏蔽网长度为 8 mm,如图 1.106 所示。

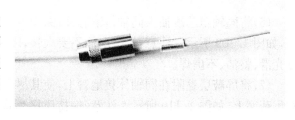

图 1.105　将外套和压接套管套在同轴线上

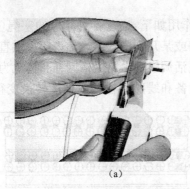
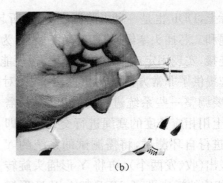

$$(a) \qquad\qquad\qquad (b)$$

图 1.106　开剥外皮

(4)用开线钳将内绝缘层剥去 2 mm,注意不要伤及同轴缆芯线,如图 1.107 所示。

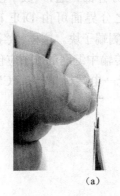
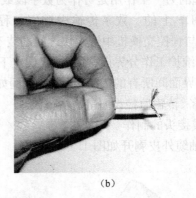

$$(a) \qquad\qquad\qquad (b)$$

图 1.107　修剪线头长度

(5)将剥好的同轴线穿入同轴插头压接套管内,如图 1.108 所示。

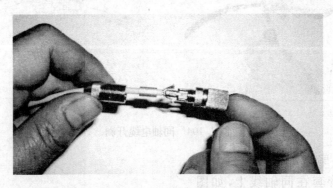

图 1.108　穿入插头

(6)将同轴缆芯线插入同轴体铜芯杆,涂少许助焊剂或松香在同轴线上,用电烙铁沾锡点焊,如图 1.109 所示。注意:焊接时间不要太长,以免破坏内绝缘,导致同轴芯线接地,要求焊点光滑、整洁、不虚焊。

(7)将屏蔽层黏附在同轴体接地管上,使其尽可能大面积的与接地管接触,将压接套管套在屏蔽网上,如图 1.110 所示。注意:保持压接套管与接地管留有 1 mm 的距离,并保证屏蔽层不超过导压接管。

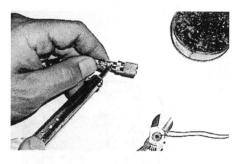

图 1.109　芯线点焊

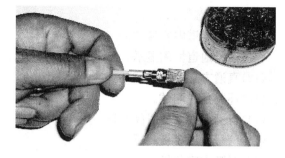

图 1.110　处理屏蔽层

(8)用压线钳将压接管与接地管充分压接,但用力适当,不得压裂接地管,如图 1.111 所示。

(9)将同轴插头外套旋紧在同轴体上,即完成接头制作,2 Mbit/s 线成品如图 1.112 所示。

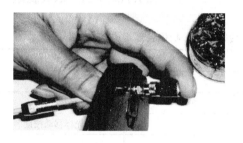

图 1.111　压接接头

图 1.112　制作好的 2 M 线接头

1.4.3　知识拓展——2 M 数字传输性能分析仪

在现场出现的 2 M 线路故障具有一定的突发性、随机性特点,要想快速地进行故障判断和处理,除了人工检查之外,还需要借助专用的测试仪表进行测试和检查。目前,许多厂家退出了专门针对 2 M 线路的测试仪表,称为 2 M 误码测试仪或 2 M 数字传输性能分析仪。这里以常用的 RY1200A 型 2 M 数字传输性能分析仪为例,介绍其使用方法。其他型号的仪表无论从基本原理和操作方法上都与 RY1200A 类似。

1. 仪表的基本情况

2 M 数字传输性能分析仪,适用于数字传输系统的工程施工、工程验收及日常维护测试,其性能可靠稳定、功能齐全、体积小巧,采用大屏幕中文显示,操作简洁容易,可对 2 Mbit/s 接口数字通道进行测试,具有两个 2 Mbit/s 接口,可同时对两条通道进行测试。

RY1200A 对 2 Mbit/s 接口数字通道可进行以下项目的测试:

(1)中断业务误码测试。

(2)在线误码测试。

(3)比特误码、编码误码、帧误码、CRC 误码、E 比特误码性能测试。

(4)图案滑动测试。

(5)时钟滑动测试。

(6)信号丢失、AIS 告警、帧远端告警、复帧远端告警、帧失步、图案失步告警测试。

(7)线路信号频率测试。

(8)话路通道信号电平、频率测试。

(9)信令状态显示。

(10)话路通道内容显示。

(11)话路通道忙闲显示。

(12)直通方式。

(13)环路延时测试。

(14)自动保护倒换时间测试。

(15)信号波形模板测试。

(16)时隙内容分析。

(17)G.821、G.826、M.2100 误码性能分析。

(18)双路 2 Mbit/s 同时检测,双向监听。

图 1.113　RY1200A 仪表实物

RY1200A 仪表实物如图 1.113 所示,各部分标注的名称见表 1.14。

表 1.14　RY1200A 型 2 M 数字传输性能分析仪各部组成

序　号	名　称	序　号	名　称
①	状态、告警指示灯	⑤	操作按键
②	液晶显示器	⑥	功能按键
③	监听扬声器	⑦	光标移动按键
④	电源开关		

RY1200A 状态、告警指示灯如图 1.114 所示,此指示灯只指示 Rx1 端口或 DATA 端口的状态。右边的灯代表当前仪表状态,绿色灯亮表示相应的状态正常,红色灯亮表示相应的状态不正常,仪表检测到事件后红灯亮 0.5 s,若在 0.5 s 内事件又出现,红灯保持常亮。事件消失后红灯熄灭。信号左边的黄灯来表示历史告警记录,表示仪表检测到事件后灯亮,事件消失后灯仍保持亮,直至用 CLR HIS 清除。

状态、告警指示灯的具体含义见表1-15。

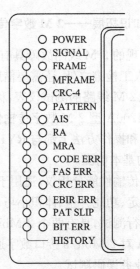

图 1.114　RY1200A 状态、告警指示灯

表 1.15　状态、告警指示灯的具体含义

指示灯	具 体 含 义
POWER	电源工作状态指示。绿色灯亮表示仪表正常工作在内部电池或外接电源供电方式,红色表示仪表工作于内部电池供电方式且内部电池处欠压状态需及时充电,橙色表示仪表工作外接电源供电方式且外接电源正在给内部电池充电
SIGNAL	Rx1 端口或 DATA 端口信号状态指示

续上表

指示灯	具 体 含 义
FRAME	Rx1 端口信号帧同步状态指示
MFRAME	Rx1 端口信号复帧同步状态指示
CRC-4	Rx1 端口信号结构指示
PATTERN	Rx1 端口或 DATA 端口信号图案同步指示
AIS	Rx1 端口或 DATA 端口输入信号告警指示
RA	Rx1 端口输入信号远端帧告警
MRA	Rx1 端口输入信号远端复帧告警
CODE ERR	Rx1 端口编码误码
FAS ERR	Rx1 端口帧误码指示
CRC ERR	Rx1 端口 CRC 误码指示
EBIT ERR	Rx1 端口 E 比特误码指示
PAT SLIP	Rx1 端口或 DATA 测试图案滑码指示
BIT ERR	Rx1 端口或 DATA 比特误码指示

键盘布局如图 1.115,主要按键基本功能见表 1.16。

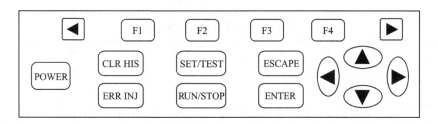

图 1.115 键盘布局

表 1.16 键盘主要按键基本功能

类 别	按 键	基 本 功 能
电源键	POWER	开启或关闭仪表电源
操作键	CLR HIS	告警历史显示复位键,用于清除历史告警
	ERR INJ	误码插入键,用于在发送信号中插入各类误码
	SET/TEST	设置/测试切换键,用于在设置菜单和测试结果菜单之间切换
	RUN/STOP	测试开始/终止键,用于开始或停止测试
	ESCAPE	返回键,用于从当前菜单中返回到上一级菜单,最终返回到主菜单
	ENTER	确认键,用于确认设置项目的选择
功能键	F1~F4	功能键(简称 F 键)。具体功能由液晶显示器在定义区显示的内容来定义
	◀ ▶	扩展功能键。用于改变 F 功能键的定义
光标键	◀ ▲ ▶ ▼	用于上、下、左、右移动光标

侧面板布局如图 1.116,各端口主要功能见表 1.17。

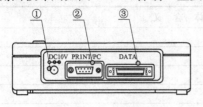

图 1.116 侧面板布局

表 1.17 侧面板端口主要功能

编号	主 要 功 能
①	外接电源输入端口,用于外接电源
②	RS-232 接口,用于连接计算机
③	数据端口,通过适配电缆转换成各种标准 V 系列接口及同向 64 kbit/s 接口,信号平衡输入端口

上面板布局如图 1.117,各端口主要功能见表 1.18。

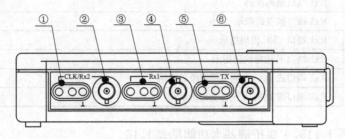

图 1.117 上面板布局

表 1.18 上面板端口主要功能

编号	主 要 功 能	编号	主 要 功 能
①	CLK/Rx2 输入端口(三芯西门子)	④	Rx1 输入端口(BNC)
②	CLK/Rx2 输入端口(BNC)	⑤	输出端口(三芯西门子)
③	Rx1 输入端口(三芯西门子)	⑥	输出端口(BNC)

图 1.118 主菜单

2. 基本操作方法

1) 开机和主菜单

按"POWER"键开机,开机后主菜单显示如图 1.118 所示,在其他菜单中按"ESCAPE"键一次或多次也可进入主菜单。

在主菜单下有以下(标记显示)菜单可选择。

测试设置:用光标移动键将光标移到测试设置处,按"ENTER"键进入测试设置界面,用于设置测试项目及参数。光标移到测试设置处时也可用功能键直接选择测试设置界面中的常规测试、通过测试、时延测试、音频测试、APS 测试等工作方式。

测试结果:用光标移动键将光标移到测试结果处,按"ENTER"键进入测试结果界面,用于显示各种测试结果。光标移到测试结果处时也可用功能键直接选择测试结果、时隙分析、监听、G.703 模板等界面。

档案管理:用光标移动键将光标移到档案管理处,按"ENTER"键进入档案管理-设置存取界面。光标移到测试结果处时也可用功能键直接选择档案管理-设置存取界面或档案管理-结果存取界面。

仪表设置:用光标移动键将光标移到仪表设置处,按"ENTER"键进入仪表设置界面,用于设置仪表的一些辅助参数。光标移到仪表设置处时也可用功能键直接选择仪表设置界面内的子菜单或版本信息界面。

PC 机连接:用光标移动键将光标移到 PC 机连接处,按"ENTER"键或"F1"键关闭连接 PC 机功能;按"F2"键打开连接 PC 机功能,液晶显示器的状态显示区同时显示🖳图标。

软件升级:用光标移动键将光标移到软件升级处,按"ENTER"键或"F1"键进入仪表内部软件升级功能说明界面。

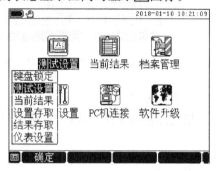

除了利用主菜单之外,还可以利用快捷键从任何界面直接进入到另一个界面,利用快捷键还可以完成屏幕打印、结果打印、键盘锁定等功能。

任何界面中,当功能扩展键显示 回 时,按 ◄ 键,液晶显示器的左下角会弹出快捷菜单,如图 1.119 所示,再按 ◄ 键快捷菜单自动利用光标移动键把光标移

图 1.119　快捷菜单

到所需选项,按"ENTER"键或"F1"键选择键盘锁定或直接进入测试设置、当前结果、设置存取、结果存取或仪表设置界面。

2)测试设置

测试设置由多屏界面组成,用于设置仪表测试项目及参数。

(1)Tx/Rx1/DATA 端口设置

图 1.120 是接口方式为 2 Mbit/s 和同向 64 kbit/s(接口方式为同向 64 kbit/s 时,相应选项自动无效)时的界面,左边表示发送端口的设置,右边表示接收端口的设置,各栏代表的含义如图 1.121 所示。

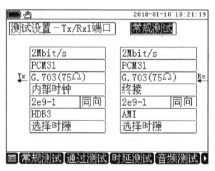

图 1.120　Tx/Rx1 端口设置

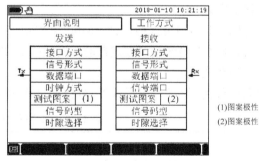

图 1.121　Tx/Rx1 端口设置说明

图 1.122 是接口方式为 V.35、V.24 同步、X.21、RS-449 时的界面,左边表示发送端口的设置,右边表示接收端口的设置,各栏代表的含义如图 1.123 所示。

①测试设置界面选择

把光标移到界面说明栏,可选择"上一页""下一页"或"专业设置"。测试设置由 Tx/Rx1/DATA 端口设置、Rx2 端口设置、其他设置和打印设置 4 个界面组成。

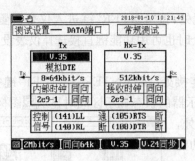

图 1.122　DATA 端口设置

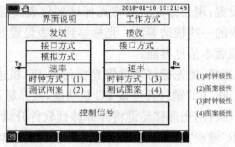

图 1.123　DATA 端口设置说明

②工作方式

把光标移到工作方式栏,可选项目和内容,见表 1.19。

表 1.19　工作方式栏内的选项

项　　目	作　　用
常规测试	常规方式,用于误码、滑码、通道内容等测试项目
通过测试	选择通过方式
音频测试	选择音频测试方式,对所选择时隙通路进行音频测试(频率、电平)
时延测试	选择时延测试方式,对整个 2 Mbit/s 通道、$n\times64$ kbit/s 及 V 接口通路进行环路时延测试
APS 测试	用于测试系统的自动保护倒换时间

③发送(Tx)、接收(Rx)的关系

把光标移到接收栏,可选择"Rx"或"Rx=Tx"。选择 Rx 后,发送(Tx)和接收(Rx)的参数相互独立,可以进行分别设置;选择 Rx=Tx 后,接收(Rx)的参数与发送(Tx)的参数相同,当改变 Tx 时,Rx 自动跟着变化。

④接口方式

把光标移到接口方式栏,有"2 Mbit/s""同向 64k""V.35""V.24 同步""X.21""RS-449"可选项目,接收(Rx)的接口方式自动与发送(Tx)的接口方式保持一致。

⑤信号形式

把光标移到 Tx 的信号形式栏,可选项目和内容,见表 1.20。

表 1.20　信号形式栏内的选项

项　　目	作　　用
非帧	选择非帧信号形式
PCM31	选择 31 路信号形式
PCM31CRC	选择 31 路信号形式且带有 CRC-4 校验功能
PCM30	选择 30 路信号形式,第 16 时隙用于传送信令
PCM30CRC	选择 30 路信号形式,第 16 时隙用于传送信令且带有 CRC-4 校验功能

⑥数据端口

把光标移到数据端口栏,有"G.703(75 Ω)"和"G.703(120 Ω)"两个选项,可以选择 75 Ω 非平衡接口和 120 Ω 平衡接口。

⑦时钟方式

把光标移到时钟方式栏,可选项目和内容,见表1.21。

表1.21　时钟方式栏内的选项

项　目	作　用
内部时钟	发送端信号时钟选择内部时钟振荡器
时钟提取	发送端时钟选择从接收端输入信号中提取的时钟
外部时钟	发送端时钟选择外部时钟输入口输入的时钟信号,外部时钟信号可以是2.048 MHz或2.048 Mbit/s信号

⑧测试图案

把光标移到Tx的测试图案栏,可选项目和内容,见表1.22。

表1.22　测试图案栏内的选项

项　目	作　用
2e9-1	选择仪表发送或接收信号中的测试图案为2e9-1。ITU-T0.151规定的图案
2e11-1	选择仪表发送或接收信号中的测试图案为2e11-1
2e15-1	选择仪表发送或接收信号中的测试图案为2e15-1
WORD	选择仪表发送、接收信号中的测试图案为8 bit人工码
在线检测	用于2 Mbit/s的误码在线测试,此时Bit Error、Pattern Slip、Pattern Loss测试功能无效

选择"WORD"后,"F1""F2"键分别定义为"置1""置0"。用◀或▶将光标移至要修改的某一位下,按"F1"选择该位置1,按"F2"选择该位清0。

⑨图案极性

把光标移到图案极性栏,有"同向"和"反向"两个选项,可以接收发送ITU-T0.151规定的图案或接收发送ITU-T0.151规定反向的图案。Rx的图案极性也可以由仪表自动搜寻,参照"⑧测试图案"。

⑩信号码型

把光标移到信号码型栏,支持"HDB3""AMI"两个选项。

⑪时隙选择

把光标移到的时隙选择栏,有"所有时隙"和"$n*64$"两个可选项目。

按"F2"选择"所有时隙"。信号形式为PCM30CRC或PCM30时选择了30个时隙作为测试通道;信号形式为PCM31或PCM31CRC时选择31个时隙作为测试通道。

按"F1"选择"$n*64k$",选择任意时隙作为测试通道。

对时隙选择栏进行操作后,进入时隙设置界面,如图1.124所示。

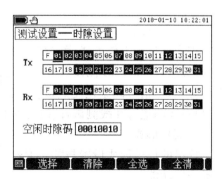

图1.124　时隙设置

用光标移动键将光标移至欲选择的时隙号下,按 F1 选择该时隙,时隙号显示黑色。按 F2 清除该时隙,时隙号显示反白。按 F3 选择所有时隙,按 F4 清除所有时隙。对于选中的时隙,测试图案被插入。

同样,把光标移至空闲时隙码要修改的某一位中,按 F1 选择该位置 1,按 F2 选择该位清 0。

⑫信号端口

把光标移到的信号端口栏,有"终接""桥接"和"监测"三个可选项目。选择"终接",信号输入端口阻抗为 75 Ω 或 120 Ω;选择"桥接",信号输入端口阻抗为高阻;选择"监测",信号输入端口阻抗为 75 Ω 或 120 Ω 并对输入信号有 26dB 的增益。

⑬模拟方式

把光标移到模拟方式栏,支持"模拟 DTE""模拟 DCE"两个选项。

⑭速率

把光标移到速率栏,可对速率进行减小和增大设置。

⑮时钟极性

把光标移到时钟极性栏,可对时钟极性进行同相和反相设置。

⑯控制信号

把光标移到控制信号栏,可选择控制信号的接通和断开。

(2)CLK/Rx2 端口设置

CLK/Rx2 端口设置界面如图 1.125 所示,各栏代表的含义如图 1.126 所示。

图 1.125　CLK/Rx2 端口设置　　　图 1.126　CLK/Rx2 端口设置说明

①工作方式

把光标移到工作方式,可对工作方式进行设置。CLK/Rx2 端口只有两种工作方式,分别是"时钟输入"和"2 M 测试"。选项"时钟输入"时,CLK/Rx2 端口作为外时钟输入口使用,此时信号形式、信号码型栏无效;选择"2 M 测试"时,CLK/Rx2 端口作为第二个 2 Mbit/s 测试用,可对线路进行在线测试,同时也可兼作外时钟输入口使用。

②信号形式

这里的信号形式设置与"Tx/Rx1/DATA 端口设置"中的"⑤信号形式"相同,只是不具备自动识别功能。

③数据端口

这里的数据端口设置与"Tx/Rx1/DATA端口设置"中的"⑥数据端口"相同。

④信号端口

这里的信号端口设置与"Tx/Rx1/DATA端口设置"中的"⑫信号端口"相同,只是不具备"监测"功能。

⑤信号码型

这里的信号端口设置与"Tx/Rx1/DATA端口设置"中的"⑩信号码型"相同。

(3)其他设置

其他设置显示画面如图 1.127 所示。

①误码插入

把光标移至误码插入栏,可选择选项见表 1.23。

图 1.127　其他设置显示界面

表 1.23　误码插入选项

项　　目	作　　用
无	没有任何误码插入
Bit ERR	选择比特误码插入,比特误码插入可选择"单次"或"率",率的范围为 $1\times10^{-6}\sim1\times10^{-2}$
PAT Slip	选择图案滑动插入,插入选择为单次
FAS ERR	选择帧误码插入,插入选择为单次、连续 2、连续 3、连续 4

选择误码插入后,若插入次数选择为单次或连续 2、连续 3、连续 4,则按一次"ERR INJ",就相应插入 1 个或 2 个、3 个、4 个误码,并在状态显示区显示 0.5 s。若插入选择为率,则按一次"ERR INJ",误码插入就开始,并在状态显示区显示 ,再按一次"ERR INJ",误码插入停止, 图标消失。

②告警插入

把光标移至告警插入栏,可选择选项见表 1.24。

③频率拉偏

把光标移至频率拉偏栏,可选择选项见表 1.25。

<table>
<tr><td colspan="2">表 1.24　告警插入选项</td><td colspan="2">表 1.25　频率拉偏选项</td></tr>
<tr><td>项　　目</td><td>作　　用</td><td>项　　目</td><td>作　　用</td></tr>
<tr><td>无</td><td>没有任何告警插入</td><td>标准频率</td><td>恢复到标准频率</td></tr>
<tr><td>AIS</td><td>选择告警信号指示插入</td><td>正拉偏</td><td>设置频率偏差为正值</td></tr>
<tr><td>FAS Loss</td><td>选择帧失步告警插入</td><td>负拉偏</td><td>设置频率偏差为负值</td></tr>
<tr><td>RA</td><td>选择远端帧告警插入</td><td></td><td></td></tr>
<tr><td>MRA</td><td>选择远端复帧告警插入</td><td></td><td></td></tr>
</table>

除此之外,还可以进行频率拉偏值的加减操作,分别实现加减 1、加减 10、加减 100、加减 1 000 的操作。

④定时测试

把光标移至定时测试栏,可选择关闭、打开定时测试功能。在开启定时测试功能后,可以设定定时测试时间。同时,还可以设置仪表关机休眠,此时仪表关机,POWER 灯闪烁,待所设置的测试启动时间到来时,仪表将自动开机测试。

定时测试功能开启后,在状态显示区会显示🕐。

⑤测试时长

把光标移至测试时长栏,可选择关闭、打开测试时长功能。在开启测试时长功能后,可以设定测试时长。测试时长功能开启后,仪表测试到设定的时长后,会自动停止测试。

⑥自动重复

把光标移至自动重复栏,可选择关闭、打开自动重复功能。自动重复功能开启后,仪表测试到设定的时长后,会自动开始新的测试。

(4)打印设置

打印设置显示界面如图 1.128 所示,图标 ☑ 表示选项有效,图标 ☒ 表示选项无效。

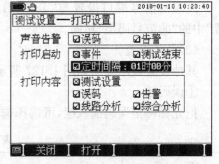

图 1.128　打印设置

①声音告警

声音告警提示的是 Rx1 端口、Rx2 端口或 DATA 端口的状态,仅在测试开始后有效。

"误码"选项表示监测到任何误码时仪表发出声音告警。

"告警"选项表示监测到任何告警时仪表发出声音告警。

②打印启动

打印启动对 Rx1 端口、Rx2 端口或 DATA 端口适用,仅在测试开始后有效。

"事件"选项表示当监测到误码、告警事件时,打印机自动启动打印测试结果。

"测试结束"选项表示当测试结束时打印机打印测试结果。

"定时间隔"选项表示根据设定的时间间隔打印测试结果。

③打印内容

打印启动对 Rx1 端口、Rx2 端口或 DATA 端口适用。

"测试设置"选项表示打印的内容,包括测试设置。

"误码"选项表示打印的内容,包括误码测试的各项结果。

"告警"选项表示打印的内容,包括告警测试的各项结果。

"线路分析"选项表示打印的内容,包括线路分析测试的各项结果。

"综合分析"选项表示打印的内容,包括 G.821 分析、G.826 分析、M.2100 停业务接收方向分析、M.2100 开业务接收方向分析。

(5)专业设置

当 Tx/Rx1/DATA 端口设置界面的接口方式为 2 Mbit/s 且发送的信号形式为有帧结构时,可进行专业设置。在测试设置界面中,按专业设置功能键,进入设置功能。

①帧信息设置

把光标移至要修改的某一位中,按"F1"选择该位置 1,按"F2"选择该位清 0。帧信息设置如图 1.129 所示。

图 1.129　帧信息设置

帧信息设置中可修改的位都有相应的缺省:同步帧 Si 缺省值为"1",非同步帧 Si 缺省值为"1",非同步帧 A 缺省值为"0",复帧同步帧 y 缺省值为"0"。需要注意的是,不正确的设置会产生误码或告警,一般测试时通常按缺省值设置。

②同步信息设置

把光标移至要修改的某一位中,按"F1"选择该位置1,按"F2"选择该位清0或直接按"F3"选择全1。同步信息设置如图 1.130 所示。

③ABCD 设置

把光标移至要修改的某一位中,按"F1"选择该位置1,按"F2"选择该位清0或直接按"F3"选择全1。需要注意的是每组 ABCD 的值不能为全"0"。ABCD 设置如图 1.131 所示。

图 1.130 同步信息设置

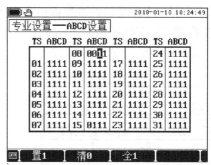

图 1.131 ABCD 设置

3) 测试结果

测试设置由多屏界面组成,用于设置仪表测试项目及参数。

(1) 常规测试结果

当 Tx/Rx1/DATA 端口设置界面的工作方式选择"常规测试"或"通过测试"时,测试结果为常规测试结果显示方式。

①误码测试结果

当 Tx/Rx1/DATA 端口设置界面的接口方式选择 2 Mbit/s 时,误码测试结果显示界面如图 1.132 所示。

图 1.132 误码测试结果

1—测试结果说明、测试时间;2—测试已进行的时间、剩余的时间;
3—本次测试主要设置参数;4—测试结果内容

2 Mbit/s 测试结果参数含义见表 1.26。

表 1.26　2 Mbit/s 测量结果参数含义

参　　数	含　　义	参　　数	含　　义
Bit ERR	比特误码个数	%Bit ERR	比特误码率
Code ERR	编码误码个数	%Code ERR	编码误码率
FAS ERR	帧误码个数	%FAS ERR	帧误码率
CRC ERR	CRC-4 误码个数	%CRC ERR	CRC-4 误码率
Ebit ERR	E 比特误码个数	%Ebit ERR	E 比特误码率
PAT Slip	图案滑动个数		

当 Tx/Rx1/DATA 端口设置界面的接口方式选择 V.35、V.24 同步、X.21 或 RS-449 时，误码测试结果如图 1.133 所示。

系列测试结果参数含义见表 1.27。

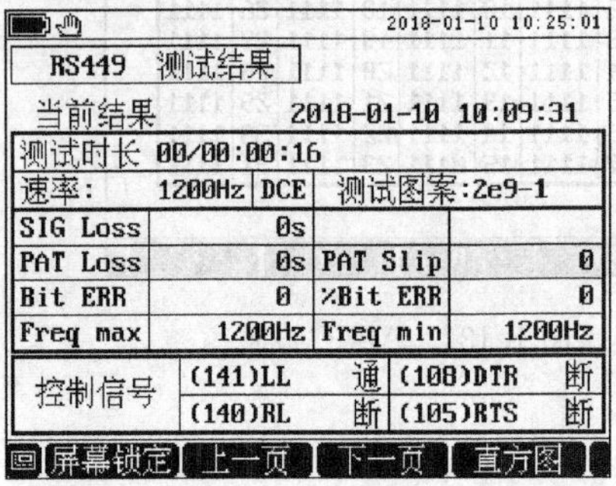

图 1.133　V 系列误码测试结果

表 1.27　V 系列测量结果参数含义

参　　数	含　　义
SIG Loss	信号丢失发生的秒数(秒)
PAT Loss	图案丢失发生的秒数(秒)
PAT Slip	图案滑动个数
Bit ERR	比特误码个数
%Bit ERR	比特误码率
Freq max	频率最大值(Hz)
Freq min	频率最小值(Hz)

②告警测试结果

告警测试结果显示如图 1.134 所示。

告警测试结果参数含义见表 1.28。

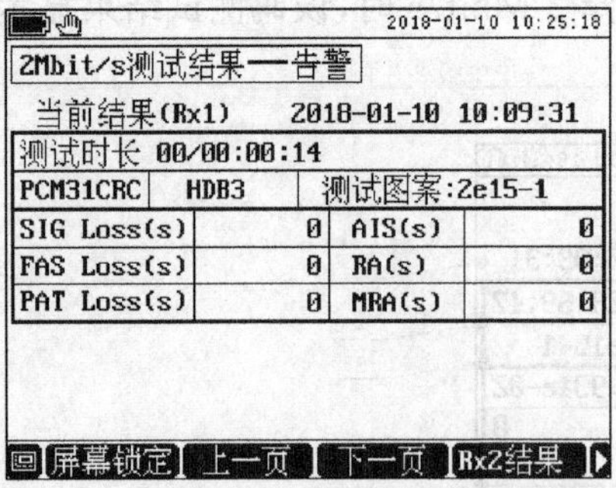

图 1.134　告警测试结果

表 1.28　告警测量结果参数含义

参数	含　　义
SIG Loss（s）	信号丢失发生的秒数
AIS（s）	AIS(告警指示信号)告警发生的秒数
FAS Loss（s）	帧失步告警发生的秒数
RA（s）	RA(帧远端告警)发生的秒数
PAT Loss（s）	图案失步发生的秒数
MRA（s）	MRA(复帧远端告警)发生的秒数

③线路分析结果

线路分析结果显示如图 1.135 所示。

图 1.135　线路分析结果

线路分析结果参数含义见表 1.29。

表 1.29　线路分析结果参数含义

分类	参数	含义	参数	含义
Clock	+Slip	当前秒时钟正滑动数	+Cpp	时钟正滑动累计数
	−Slip	当前秒时钟负滑动数	−Cpp	时钟负滑动累计数
Level（V）	+V	线路信号脉冲正幅度值	V_{p-p}	线路信号脉冲峰-峰值
	−V	线路信号脉冲负幅度值		
Rx Freq（Hz）	RCV	线路信号频率当前值	ppm	线路信号频率当前相对值
	max	线路信号频率最大值	ppm	线路信号频率最大相对值
	min	线路信号频率最小值	ppm	线路信号频率最小相对值

④综合分析结果

综合分析结果包括 G.821 分析、G.826 分析、M.2100 停业务接收方向分析、M.2100 开业务接收方向分析。具体的画面如图 1.136 所示。

图 1.136　综合分析结果（G.821）

综合分析结果中每个参数的含义见表 1.30。

表 1.30　综合分析结果参数含义

参　数	含　义	参　数	含　义
ES(s)	误码秒数	%ES	误码秒比
SES(s)	严重误码秒数	%SES	严重误码秒比
AS(s)	可用时间秒数	%AS	可用时间秒比
UAS(s)	不可用时间秒数	%UAS	不可用时间秒比
BBE*	背景差错块	%BBE*	背景差错块率

注 BBE* 和 %BBE* 仅 G.826 分析有。

(2)直方图

当 Tx/Rx1/DATA 端口设置界面工作方式选择"常规测试"或"通过测试"时,Rx1 端口和 DATA 端口的测试结果可利用直方图方式显示。

在常规测试结果界面中,按直方图功能键进入直方图分析,具体如图 1.137 所示。

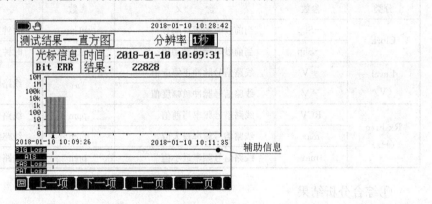

图 1.137　直方图

在直方图显示中,水平轴代表时间,垂直轴表示当前所选择类型的事件数值,水平轴上的垂直线段表示该时刻对应的事件的数值,辅助信息为主要告警的直方图,包括 SIG Loss、AIS、FAS Loss、PAT Loss 告警,粗线表示有告警。

在直方图界面下,按"F1"或"F2"选择希望分析的误码或告警的类型,按"F3"键显示上一页直方图内容,按"F4"键显示下一页直方图内容。

直方图中水平时间轴上的最小显示单位称为分辨率,按▲键增大分辨率单位,按▼键减小分辨率单位;按◀键光标(▲形状)向左移动,按▶键光标向右移动。

除此之外,在"光标信息"栏中,还有"时间"和"结果"表示。时间表示光标所在位置的时间或光标所在位置时间段的起始时间;结果表示光标所在位置的误码数或告警秒。

(3)音频测试结果

当 Tx/Rx1/DATA 端口设置界面的工作方式选择音频测试时,测试结果为音频测试结果显示方式,如图 1.138 所示。

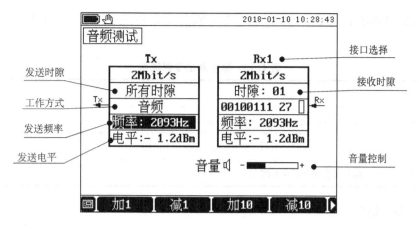

图 1.138　音频测试结果

音频测试设置项目见表 1.31,而测试结果主要是所选话音时隙的频率和电平两个指标。

表 1.31　音频测试设置项目

项　目	含　义
发送时隙	设置用于音频测试的话音时隙,参照前文的"时隙选择"部分
工作方式	可选择音频或监听,当选择监听时,将无音频信号发出
发送频率	设置所选话音时隙信号的频率值
发送电平	设置所选话音时隙信号的电平值
接口选择	选择对 Rx1 端口或 Rx2 端口进行音频测试或监听
接收时隙	设置用于音频测试的话音时隙,只能选择 1 个时隙
音量控制	调节仪表扬声器声音的大小

(4)监听测试结果

当 Tx/Rx1/DATA 端口设置界面工作方式选择"常规测试"或"通过测试"时,并且 Rx 的测试图案选择在线测试时或 CLK/Rx2 端口设置界面的测试图案选择在线测试时,测试结果可选择音频监听结果显示方式。

在主菜单界面中,把光标移至测试结果栏,按"监听"功能键进入监听测试界面,如图1-139所示。监听测试不影响正在进行中的其他测试。

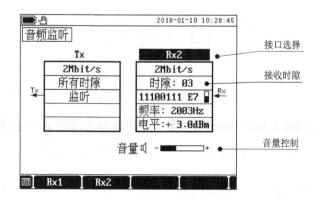

图 1.139　监听测试结果

监听测试设置项目见表 1.32,而测试结果主要是所选话音时隙的频率和电平两个指标。

表 1.32　监听测试设置项目

项　目	含　义
接口选择	选择对 Rx1 端口或 Rx2 端口进行音频测试或监听
接收时隙	设置用于音频测试的话音时隙,只能选择 1 个时隙
音量控制	调节仪表扬声器声音的大小

(5)时延测试结果

当 Tx/Rx1/DATA 端口设置界面的工作方式选择时延测试时,测试结果为时延测试结果显示方式,如图 1.140 所示。

按"F1"开始一次时延测试。时延测试时结果可能显示"信号差",表示目前所测线路的误码性能较差,不适应进行时延测试。若时延时间超过 2.5 s,结果会显示"时间溢出"。

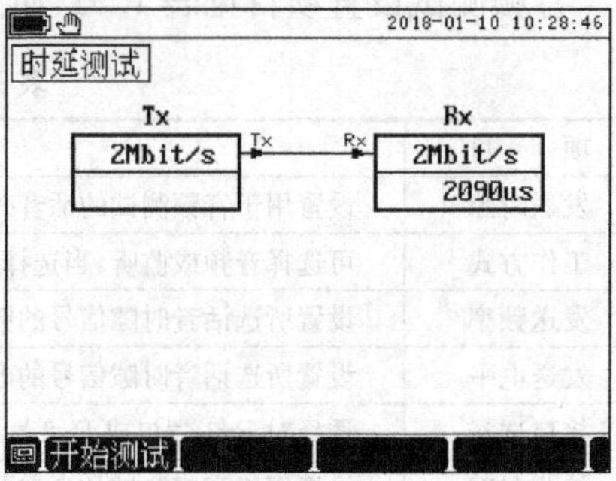

(6)APS(自动保护倒换)测试结果

当 Tx/Rx1/DATA 端口设置界面的工作方式选择 APS 测试时,测试结果为 APS 测试结果显示方式,如图 1.141 所示。

按"F1"启动 APS 测试,当仪表检测到有 APS 发生时,测量 APS 时间,并显示测试结果。若 APS 时间大于 2.5 s,结果显示"时间溢出"。启动 APS 测试功能后,可再按"F1"停止 APS 测试。

图 1.140　时延测试结果

(7)抖动测试结果

当 Tx/Rx1/DATA 端口设置界面的工作方式选择抖动测试时,测试结果为抖动测试结果显示方式,如图 1.142 所示。

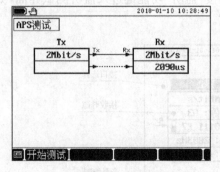

图 1.141　APS测试结果

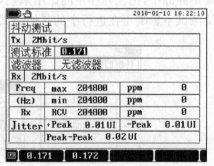

图 1.142　抖动测试结果

抖动测试设置项目见表 1.33,而测试结果见表 1.34。

表 1.33　抖动测试设置项目

项 目		含 义
测试标准	0.171	选择 0.171 标准进行抖动测试
	0.172	选择 0.172 标准进行抖动测试
滤波器	无滤波器	禁用滤波器
	HP1	使用 HP1 滤波器
	HP2	使用 HP2 滤波器
	HP3	当选择 0.171 标准时可选择使用 HP3 滤波器
	LP	当选择 0.172 标准时可选择使用 LP 滤波器

表 1.34　抖动测试结果

分类	参数	含 义	参数	含 义
RxFreq（Hz）	max	线路信号频率最大值	ppm	线路信号频率最大相对值
	min	线路信号频率最小值	ppm	线路信号频率最小相对值
	RCV	线路信号频率当前值	ppm	线路信号频率当前相对值
Jitter	＋Peak	抖动正峰值	－Peak	抖动负峰值
	Peak-Peak	抖动峰峰值		

（8）时隙分析结果

当 Tx/Rx1/DATA 端口设置界面工作方式选择"常规测试"或"通过测试"时,并且 Rx 的信号形式选择为"有帧结构"时或 CLK/Rx2 端口设置界面的信号形式选择为有帧结构时,测试结果可选择时隙分析结果显示方式。

在主菜单界面中,把光标移至测试结果栏,按"时隙分析"功能键进入分析界面,参照"菜单选择"。时隙分析测试不影响正在进行中的其他测试。

时隙分析结果包括时隙分析、帧信息、同步信息和 ABCD 信息,分别如图 1.143、图 1.144、图 1.145 和图 1.146 所示。

图 1.143　时隙分析　　　　　　　　图 1.144　帧信息

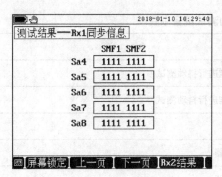

图 1.145　同步信息　　　　　图 1.146　ABCD 信息

(9)G.703 模板结果

当 Tx/Rx1/DATA 端口设置界面工作方式选择"常规测试"或"通过测试"时,并且接口方式选择为"2 Mbit/s"时,测试结果可选择为 G.703 模板结果显示方式,如图 1.147 所示。

在主菜单界面中,把光标移至测试结果栏,按 G.703 模板功能键进入测试界面,参照前文"菜单选择"章节。G.703 模板测试不影响正在进行中的其他测试。

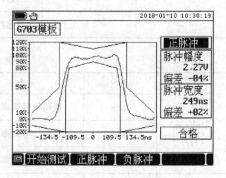

图 1.147　⑦703 模板测试

按"F1"开始测试,按"F2"测试正脉冲,按"F3"测试负脉冲。

G.703 模板测试结果见表 1.35。

表 1.35　G.703 模板测试结果

指　标	含　义
脉冲幅度(V)	显示脉冲的峰值电平
脉冲幅度偏差	显示脉冲的峰值电平与标准值的偏差
脉冲宽度(ns)	显示脉冲宽度时间
脉冲宽度偏差	显示脉冲宽度时间与标准值的偏差
判定	显示脉冲合格或不合格

4)档案管理

(1)测试设置存取

仪表将当前的设置存入存储器中,便于下次使用时读取,也可将存储的设置取出,作为当前设置,如图 1.148 所示,液晶显示器的左列是设置档案的序号,中间列是设置档案的建立时间,右列是设置档案的接口方式。

将光标移至当前设置栏,按"F2"保存,当前设置被保存在存取档案内;按"F3"缺省设置,当前设置将转换成厂家设置。

将光标移至希望读取的档案文件名上,按"F1"详细,查看设置档案的详细内容,液晶显示器的状态显示区同时显示图标 ,此时不会改变当前设置的内容;按"F2"调用,当前设置的内容立即被此设置档案代替。

将光标移至希望删除的档案文件名上,按"F3"删除,按"F4"清空所有记录。

(2)测试结果存取

仪表将测试结果存入存储器中,便于下次查阅。结果存取如图1.149所示,液晶显示器的左列是测试结果档案的文件名,中间列是测试结果档案的建立时间,右列是测试结果档案的接口方式。

图1.148 设置存储 　　　　　　　图1.149 结果存取

将光标移至当前设置栏,按"F3"保存,当前测试结果被保存在存取档案内。

将光标移至希望查阅的档案文件名上,按"F1"详细设置,按"F2"详细结果,查看测试结果档案的详细内容,液晶显示器的状态显示区同时显示图标📄,不会改变当前测试结果的内容。

将光标移至希望删除的档案文件名上,按"F3"删除。按"F4"清空所有记录。需要注意的是不用的测试结果档案要及时删除,保证尽量大的存储空间,以便在下一次测试时,可以记录更长时间的测试过程。

5)仪表设置

在主菜单界面中,把光标移至仪表设置栏,按相应的功能键进入设置界面,参照"菜单选择",如图1.150所示。

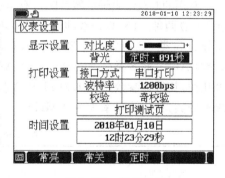

图1.150 仪表设置

(1)显示设置

将光标移至对比度栏,利用"F1"、"F2"、"F3"功能键调整仪表液晶显示对比度。

将光标移至背光栏,利用"F1""F2""F3"功能键调整仪表液晶显示器的背光,设置背光常亮或常关,也可以进行定时。设置定时后,背光在规定的时间内发光,超出规定的时间后背光熄灭,按动任意一键背光重新发光。

(2)打印设置

这里可以设置打印机的接口方式、波特率、校验等参数,也可以打印测试页来验证仪表与打印机是否已连接好。

(3)时间设置

设置仪表内部的时间,显示在界面的右上角。

典型工作任务5　数据通信双绞线通信线路

1.5.1　工作任务

1. 通过学习,弄清数据通信双绞线的结构、分类、型号等基本概念问题。

2. 通过学习,使用 RJ-45 压线钳完成制作双绞线跳线的基本操作,要求制作工艺符合相关规范。

3. 通过学习,使用测线器对双绞线进行测试。

1.5.2　相关配套知识

1. 数据通信双绞线电缆的分类、结构和应用场合

对称电缆的另一种形式就是双线回路扭绞式,即称为双绞线、数据线或网线。典型的双绞线有 4 对,也有更多对双绞线放在一个电缆套管里的。

数据通信中的双绞线电缆是目前比较常用的一种宽带接入网的传输线,它具有制造成本较低、结构简单、可扩充性好、便于网络升级的优点,主要用于楼宇综合布线、小区计算机综合布线等。

1)双绞线电缆的分类

双绞线(Twisted Pairwire,TP)一般可根据结构不同,分为非屏蔽双绞线(Unshilded Twisted Pair,UTP)和屏蔽双绞线(Shielded Twisted Pair,STP)两类。两种双绞线电缆的基本外观如图 1.151 所示。

常用的双绞线电缆的特性阻抗有 100 Ω 和 150 Ω 两种。100 Ω 双绞线根据带宽不同又分为 5 类(CAT5)、超 5 类(CAT5e)、6 类(CAT6)、超 6 类(CAT6e)、7 类(CAT7)等几种,其带宽参数见表 1.36;150 Ω 双绞线不分类,其传输频率为 300 MHz。

(a) 非屏蔽双绞线　　　　(b) 屏蔽双绞线

图 1.151　两种双绞线电缆的基本外观

表 1.36　不同双绞线的带宽参数

双绞线种类	带　宽	双绞线种类	带　宽
5 类(CAT5)	100 Mbit/s	超 6 类(CAT6e)	500 Mbit/s
超 5 类(CAT5e)	100 Mbit/s	7 类(CAT7)	600 Mbit/s
6 类(CAT6)	250 Mbit/s		

2)双绞线电缆的结构与色谱

非屏蔽双绞线是由多对双绞线外包缠一层塑橡皮护套构成的。4 对非屏蔽双绞线,如图 1.151(a)所示。非屏蔽双绞线又可分 1~5 类,其外观差别主要是线径和单位长度扭绞次数,不同类别的线对具有不同的扭绞长度,一般来说,扭绞长度(节距)在 3.81~14 cm,铜导线的直径在0.4~1.0 mm,按逆时针方向扭绞,一般扭线的越密其抗干扰能力就越强,支持的传输速度越高。

屏蔽双绞线与非屏蔽双绞线电缆一样,芯线为铜双绞线,护套层是塑橡皮,只不过在护套层内增加了金属层。屏蔽双绞线电缆还有一根漏电线,把它连接到接地装置上,可泄放金属屏蔽的电荷,解除线间的干扰问题。

非屏蔽双绞电缆和屏蔽双绞电缆都有一根用来撕开电缆保护套的拉绳,方便电缆开剥。

全色谱线组合扭绞成 4 种不同色标的线对。线对序号及绝缘层色谱见表 1.37。双绞线制作可分两种,一是直连网线,即 A 与 B 两端线序一一对应,用于电脑与路由器、交换机相连;二是交叉网线,A 端按标准 568A 排列线序,B 端按标准 568B 排列线序,见表 1.37。

表 1.37 双绞线线序

线序	1	2	3	4	5	6	7	8
标准 568A	绿白	绿	橙白	蓝	蓝白	橙	棕白	棕
标准 568B	橙白	橙	绿白	蓝	蓝白	绿	棕白	棕

3)双绞线的应用场合

各种类型双绞线的应用场合见表 1.38。

表 1.38 各种类型双绞线的应用场合

类型	应 用 场 合
CAT1	线缆最高频率带宽是 750 kHz,用于报警系统或语音传输,不用于数据传输
CAT2	线缆最高频率带宽是 1 MHz,用于语音传输和最高传输速率 4 Mbit/s 的数据传输,常见于使用 4 Mbit/s 规范令牌传递协议的旧的令牌网
CAT3	是 EIA/TIA568 标准中指定的电缆,该电缆的传输频率 16 MHz,主要应用于语音传输、10 Mbit/s 以太网(10BASE-T)和 4 Mbit/s 令牌环,最大网段长度为 100 m
CAT4	用于语音传输和最高传输速率 20 Mbit/s 的数据传输,最大网段长 100 m
CAT5/CAT5e	用于语音传输和最高传输速率 100 Mbit/s 的数据传输,最大网段长 100 m;超 5 类线主要用于千兆位以太网(1 000 Mbit/s)
CAT6/CAT6e	该类电缆的传输频率为 1～250 MHz,最大网段长 90～100 m
CAT7	计划的带宽为 600 MHz～10 GHz,属于 STP 双绞线,最大网段长 90～100 m,主要用于广播站、电台等

2.其他网络器件

数据通信中除了双绞线电缆之外,还有一些辅助的器件,主要是用来辅助双绞线电缆成端、接续。下面对这些网络器件做简单的介绍。

1)网络模块

网络模块是非常常用的一种电缆连接器件,与双绞线电缆配套使用。因此,网络模块也分成 5 类、超 5 类、6 类等类型,其带宽标准与同类的双绞线电缆相同。

当然,网络模块也可以按照是否具有屏蔽层分为非屏蔽模块和屏蔽模块,如图 1.152 所示。

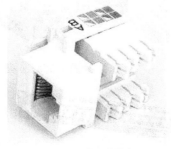

（a）非屏蔽模块　　　　　　　　　（b）屏蔽模块

图 1.152 非屏蔽模块和屏蔽模块

非屏蔽模块在网络中传递中低速的数字/模拟语音、数据和视频信号,而屏蔽模块通过屏蔽外壳将外部电磁波与内部电路完全隔离,其屏蔽层与双绞线的屏蔽层连接,即能实现完整的屏蔽结构。与非屏蔽模块相比,屏蔽模块具有带宽较宽、传输频率高等特点。

此外,常用的网络模块还有一种免打模块。免打模块是一种不需要使用打线工具的模块。一般的免打模块上都按颜色标有线序,接线时,将剥好的线插入对应的颜色下,再合上免打模块的盖子即可,如图 1.153 所示。

2) 网络配线架

网络配线架是网络系统中重要的组件,它是在综合布线时来实现垂直干线和水平布线两个子系统交叉连接的枢纽。配线架通常安装在机柜或墙上。

图 1.153　免打模块

网络配线架根据所配套的双绞线电缆,也可以分成 5 类配线架、超 5 类配线架、6 类配线架、7 类配线架等类型。

5 类配线架是使用较早的一类配线架,可提供 100 MHz的带宽。5 类配线架采用 19 英寸 RJ-45 接口 110 配线架,此种配线架背面进线采用 110 端接方式,正面全部为 RJ-45 接口,用于跳接配线,它主要分为 24口、36 口、48 口、96 口几种,全部为 19 英寸机架/机柜式安装,其优点是体积小、密度高、端接较简单且可以重复端接。

超 5 类配线架主要用于千兆网上,但现在也普通应用于局域网中,由于价格方面与 5 类线相差不多,因此目前在一般局域网中常见的是超 5 类或者 6 类配线架,特别是目前的超 5 类和6 类配线架可以轻松提供 155 Mbit/s 的通信带宽,并拥有升级至千兆的带宽潜力,因此,成为当今水平布线的首选,如图 1.154 所示。

图 1.154　超 5 类配线架

6 类配线架一般用于 ATM 网络中,它同超 5类配线架一样,可以轻松提供 155 Mbit/s 的通信带宽,并拥有升级至于兆的带宽潜力,因此应用也非常广泛,如图 1.155 所示。

7 类配线架是目前最新的配线架,如图 1.156所示。整个 7 类布线系统,以达到万兆以太网标准,永久链路传输带宽以 500 MHz 为目标。

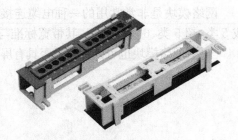

图 1.155　6 类配线架

图 1.156　7 类配线架

除上述类型之外,也可以根据配线架是否有屏蔽,将其分成非屏蔽配线架和屏蔽配线架。

非屏蔽配线架上的模块是非屏蔽的,因此不能达到屏蔽双绞线的作用,线芯之间依然存在电磁耦合。

屏蔽配线架上设置了接地汇集排和接地端子,汇集排将屏蔽模块的金属壳体联结在一起。屏蔽模块的金属壳体通过接地汇集排连至机柜内的接集汇接排完成接地。屏蔽配线架可分为屏蔽模块+配线架组合和一体化两类结构。组合式的屏蔽配线架(背面)如图 1.157 所示。

图 1.157 组合式的屏蔽配线架(背面)

3)水晶头

水晶头通常有两种,一种是 RJ-45,一种是 RJ-11。

RJ-45 指的是由 IEC(60) 603-7 标准化,使用国际性的接插件标准定义的 8 个位置(8 针)的模块化插孔或插头,也就是说 RJ-45 是一种国际标准化的接插件。RJ-45 各脚功能(10BaseT/100BaseTx)见表 1.39。

表 1.39 RJ-45 各脚功能(10BaseT/100BaseTx)

管脚	功 能	管脚	功 能
1	传输数据正极 Tx+	5	备用(当 1236 脚出现故障时,自动切入使用状态)
2	传输数据负极 Tx−	6	接收数据负极 Rx−
3	接收数据正极 Rx+	7	备用(当 1236 脚出现故障时,自动切入使用状态)
4	备用(当 1236 脚出现故障时,自动切入使用状态)	8	备用(当 1236 脚出现故障时,自动切入使用状态)

RJ-11 外形定义为 6 针的连接器件,原名为 WExW,这里的 x 表示"活性",触点或打线针。例如,WE6W 有全部 6 个触点,编号 1-6;WE4W 只用 4 针,最外面的两个触点(1 和 6)不用;WE2W 只使用中间两针。对于 RJ-11,信息来源是矛盾的,它可以是 2 芯或 4 芯的 6 针连接插件,更加混淆的是,RJ-11 并不仅是代表 6 针接插件,它还支持 4 针的版本,也就是说 RJ-11 是一种非标的接插件。因此,这里仅讨论 RJ-45 水晶头。

水晶头按照与其配套使用的双绞线电缆的类型也可以分成 5 类水晶头、超 5 类水晶头、6 类水晶头、7 类水晶头等类型。

5 类水晶头是使用较为广泛的一类水晶头,是直线排列。超 5 类水晶头一般使用超 5 类双绞线,也兼容 5 类双绞线。但是使用超 5 类线,传输距离和特性都有所增强。超 5 类水晶头外形如图 1.158 所示。

6 类水晶头一般使用 6 类线(也可使用 5 类或超 5 类线),因为 6 类线比 5 类线粗一些,因此,从外观上就能看出 6 类和 5 类水晶头的区别。此外,6 类水晶头的线芯是上下分层排列的,上排 4 根,下排 4 根,如图 1.159 所示。

7 类水晶头标准是一套在 100 Ω 双绞线上支持最高 600 MHz 带宽传输的布线标准。从 7 类水晶头标准开始出现了"RJ 型"和"非 RJ"型接口的划分。7 类水晶头外形结构如图 1.160 所示。

同样,水晶头也可以根据是否带有屏蔽层分为非屏蔽水晶头和屏蔽水晶头。屏蔽水晶头带有金属屏蔽层,抗干扰性能优于非屏蔽水晶头。

图 1.158　超 5 类水晶头

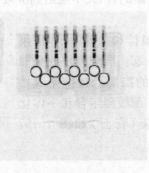
图 1.159　6 类水晶头

图 1.160　7 类水晶头

不过需要注意的是,并不是用了屏蔽的双绞线,在抗干扰方面就一定强于非屏蔽双绞线。屏蔽双绞线的屏蔽作用只在整个电缆均有屏蔽装置,并且两端正确接地的情况下才起作用。所以在选择器件时,最好在整个系统里全部是屏蔽器件,包括电缆、模块、水晶头和配线架等,同时施工的建筑物需要有良好的地线系统。事实上,在实际施工时接地不良的问题时有发生,导致屏蔽层本身变成最大的干扰源,往往使屏蔽双绞线的性能还不如非屏蔽双绞线。

下面简单介绍超 5 类水晶头的机械结构和工作原理。

图 1.162 为 RJ-45 水晶头,每个水晶头由 9 个零件组成,包括 1 个插头体和 8 个刀片,同时每个水晶头配套一个塑料护套,如图 1.161 所示。

插头体由透明塑料一次注塑而成,具体的尺寸和外形如图 1.162 所示,插头体中安装有 8 个刀片,每个刀片高度为 4 mm、宽度为 3.5 mm、厚度为 0.3 mm。

图 1.161　水晶头护套

插头体下边有一个弹性塑料限位手柄,手柄上有个卡装结构,用于将水晶头卡在 RJ-45 接口内。安装时,压下手柄,能够轻松插拔水晶头;松开手柄,水晶头就卡装在 RJ-45 接口内,保证可靠的连接。

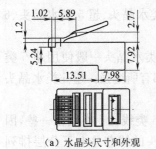
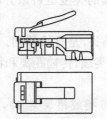
（a）水晶头尺寸和外观

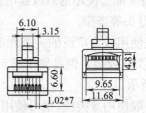
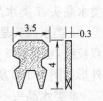
（b）刀片尺寸

图 1.162　超 5 类水晶头的尺寸和外观(单位:mm)

插头体的右端设计有三角形塑料压块,压接水晶头前,三角形塑料压块没有向下翻转,此时,插头体右端插入网线的入口尺寸为高 4 mm、宽 9 mm,网线可以轻松插入。

水晶头压接时,三角形塑料压块向下翻转,卡装在水晶头内,将网线的护套压扁固定。这时,插头体右端的入口高度变为 2 mm。

插头体中间有 8 个限位槽,每个限位槽的尺寸稍微大于线芯直径,刚好安装 1 根线芯,防止两根线芯同时插入一个限位槽中。

插头体 8 个限位槽上方,分别安装有 8 个刀片,刀片突出插头体表面约 1 mm。压接后 8 个刀片分别划破绝缘层插入 8 个铜线导体中,实现刀片与铜线的长期可靠连接,实现电气连接功能。刀片材料为高硬度钢材制造,硬度远远大于铜导体,表面镀金或镀铜处理,刀片前端设计有 2 个针刺。压接时刀片下端的针刺首先穿透外绝缘层,然后扎入铜导体中,实现电气可靠连接。刀片刺入线体剖视图如图 1.163 所示。

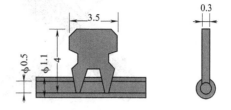

图 1.163　刀片刺入线体剖视图(单位:mm)

除了以上几种水晶头之外,目前许多厂家推出了组合水晶头。组合水晶头一般是为了高质量保证连接的可靠性及安全防护性能设计的,常用于国家高标准单位、高端要求的公司。不同厂家的产品略有不同,如图 1.164 所示。

三件套水晶头如图 1.164(a)所示,每套包括分线器、理线器、水晶头三件。

四件套水晶头如图 1.164(b)所示,每套包括分线器、水晶头、理线器、护套四件。

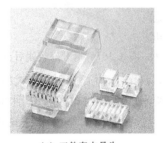
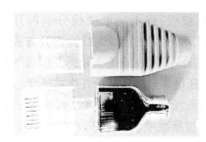

（a）三件套水晶头　　　　　　　（b）四件套水晶头

图 1.164　组合水晶头

3. 双绞线跳线(网线)的制作方法

制作网线需要的主要工具是 RJ-45 压线钳,该工具上有三处不同的功能,一是剥线口,用来剥开双绞线外层;二是压制 RJ-45 水晶头工具槽,可将 RJ-45 水晶头与压在双绞线上。三是锋利的切线刀,可以用来切断双绞线。

RJ-45 压线钳目前在市面上有好几种类型,而实际的功能及操作都是大同小异。这里以常用的三口网线钳为例介绍网线的制作方法。

该压线钳上有三处不同的功能:在压线钳的最顶部的是压线槽,压线槽供提供了三种类型的线槽,分别为 6P、8P 及 4P。中间的 8P 槽是最常用到的 RJ-45 压线槽,而旁边的 4P 和 6P 为 RJ-11 电话线路压线槽。在压线钳 8P 槽的背面,可以看到呈齿状的模块,主要是用于把水晶头上的 8 个触点压稳在双绞线之上。靠近把手的部分有剥线口和断线刀,刀片主要起到切断外护层和线材的作用。

下面简单介绍网线的制作过程:

(1)用压线钳的切线刀口剪出需要的双绞线电缆长度。

（2）剥开双绞线外绝缘护套。首先剪裁掉端头破损的双绞线，使用专门的剥线剪或压线钳沿双绞线外皮旋转一圈，剥去约 30 mm 的外绝缘护套，如图 1.165 所示，抽取外护套如图 1.166 所示。特别注意不能损伤 8 根线芯的绝缘层，更不能损伤任何一根铜线芯。

图 1.165　剥开外护套

图 1.166　抽取外护套

（3）拆开 4 对双绞线。将端头已经抽去外皮的双绞线按照对应颜色拆开成为 4 对单绞线。拆开 4 对单绞线时，必须按照绞绕顺序慢慢拆开，同时保护 2 根单绞线不被拆开和保持比较大的曲率半径，图 1.167 为正确的操作结果。

（4）拆开单绞线：将 4 对单绞线分别拆开。注意 RJ-45 水晶头制作和模块压接线时线对拆开方式和长度不同。制作时注意，双绞线的接头处拆开线段的长度不应超过 20 mm，压接好水晶头后拆开线芯长度必须小于 14 mm，过长会引起较大的近端串扰。

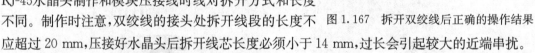

图 1.167　拆开双绞线后正确的操作结果

（5）拆开单绞线和 8 芯线排好线序，如图 1.168 所示。把 4 对单绞线分别拆开，同时将每根线轻轻捋直，按照线序水平排好，在排线过程中注意从线端开始，至少 10 mm 导线之间不应有交叉或重叠。具体的线序见前面的表 1.37。

（6）剪齐线端。把整理好线序的 8 根线端头一次剪掉，留 14 mm 长度，如图 1.169 所示。

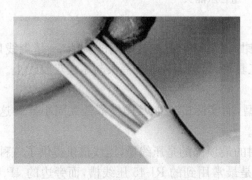

图 1.168　排好线序

图 1.169　剪齐线端

（7）插入 RJ-45 水晶头并压接。把水晶头刀片一面朝自己，将白橙线对准第一个刀片插入 8 芯双绞线，每芯线必须对准一个刀片，插入 RJ-45 水晶头内，保持线序正确，而且一定要插到底。然后放入压线钳对应的刀口中，用力一次压紧。压的过程使水晶头凸出在外面的刀片全部压入水晶头内，而且水晶头下部的塑料扣也压紧在外护套之上。受力之后听到轻微的"啪"

一声即可。插入水晶头和压好的水晶头分别如图 1.170 和图 1.171 所示。

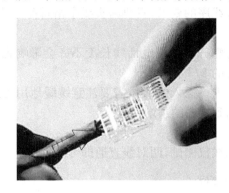
图 1.170　插入水晶头

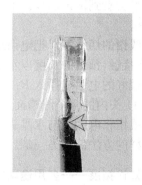
图 1.171　压好的水晶头

4. 双绞线跳线(网线)的测试方法

网线的检测应使用网络测线仪。在网络测线仪的 RJ-45 接口插入制作好的网线的两头，
打开测试仪即可以看到测试仪上的两组指示灯都在闪动。
若测试的线缆为直通线缆,则测试仪上的 8 个指示灯应依
次亮起,证明了网线制作成功,可以顺利地完成数据的发送
与接收。若测试的线缆为交叉线缆,则测线仪其中一侧是
依次由 1~8 闪灯,而另外一侧则会按照 3、6、1、4、5、2、7、8
的顺序闪灯。若出现某一位灭灯,证明存在断路或接触不
良现象,如图 1.172 所示。

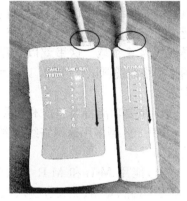

出现断路或接触不良,先对两端水晶头再用压线钳压
一次,如果故障依旧,则需检查两端芯线的线序和压接质
量,必要时重新制作。

当双绞线两端同为 568B 时,网线为直连线,也叫直通

图 1.172　网线测试

线,用于连接计算机与交换机、HUB(集线器)等设备。当双绞线两端分别使用 568A 和 568B
时,网线为交叉线,用于连接计算机与计算机、交换机与交换机等(可理解为同级设备使用交叉
线,不同级则使用直通线)。

5. 电话线接头的制作

电话线接头与网线接头类似,因此这里一并介绍。电话线主要适用于电信工程布线、室内
电话通信电缆系统布线、语音通信系统之间主干线、程控交换机连接等场合。

电话线的基本结构如下:

(1)产品执行标准。参考前邮电部 YD/T 630—1993 标准。

(2)内导体。单支退火裸铜丝,直径为 0.4 mm、0.5 mm。

(3)绝缘材料。高密度聚乙烯或聚丙烯,按照国标色谱标明绝缘线的颜色。

(4)绝缘成对。把单根绝缘按照不同的节距扭绞成对,并采用规定的色谱组合以识别线
对;降低了线索之间的互相干扰串音,功率耗损小。

一般电话线都是 4 芯或 2 芯。信息插座中的电话模块一般是 4 芯的模块化插头,称为电
话模块,普通电话使用中间的 2 芯进行通信,数字电话(前台值班总机、话务员等)4 芯都要使
用。下面就以 4 芯电话线为例介绍电话线制作方法:

（1）用压线钳的剪线刀口把电话线剥开长约 30 mm，去掉前端不用的外护套。

（2）剥开后会看到两组芯线。电话线没有线序的要求，只要两头线序相同就可以了。将线按线序排列好。

（3）用压线钳的切线刀口把电话线顶部剪整齐。如果电话线长度不齐会影响到电话线与水晶头的正常接触，预留的长度以水晶头长度的 2/3 为宜。

（4）将整理好的电话线插入 RJ-11 水晶头内。插入的时候需要注意缓缓地用力把 4 条线缆同时沿 RJ-11 头内的 4 个线槽插入，一直插到线槽的顶端。

（5）用压线钳将电话线与水晶头压紧。

（6）用同样的方法制作另一端。之后用测线仪测试，两对线直通即可。

1.5.3 知识拓展——多用途网络线缆测试仪

目前，除了能够简单测试双绞线电缆线序的测线仪之外，很多厂家还推出了多用途网络线缆测试仪。这种仪器具有线缆长度测试、寻线、对线、断电等多种线路状态测试功能，具有快捷、准确的特点，是通信线路、综合布线线路等弱电系统安装维护工程技术人员的实用工具，被广泛应用于电话系统、计算机网络及其他涉及金属导线线路等领域。这里就以常用的 NF-308 型多用途网络线缆测试仪（图 1.173）为例，介绍其使用方法。

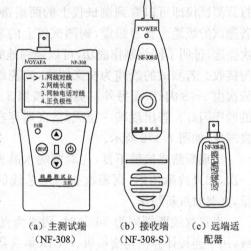

（a）主测试端　　（b）接收端　　（c）远端适
（NF-308）　　（NF-308-S）　　配器

图 1.173　多用途网络线缆测试仪

1. 主要功能特点和技术参数

NF-308 型多用途网络线缆测试仪的主要功能特点如下：

（1）能用 M-L 和 M-R 方法测网线、电话线、BNC 缆开路、短路、交叉、反接、配对的连接情况及线缆断线定位，并在 LCD 上直观地显示。

（2）对网线进行串扰测试，解决网速慢的潜在故障。

（3）可以在众多网线、电话线、同轴电缆及其他金属线中找到所需的目标线。

（4）用开路方法测网线的长度，可测量线缆长度达 2 000 m，测量线缆长度及断线定位准确度达 98%。

（5）可在交换机、路由器开机带电状态下找线。

（6）主测试器（≤7 V 时）有低电压提示功能。

（7）测线序时远端适配器声音提示功能。

（8）有存储、记忆和调取功能，方便用户使用和校准。

（9）照明灯功能，黑暗环境便于工作。

（10）语言切换和自动关机时间设定功能。

（11）自检功能，能自动补偿电池电量变化、环境温度变化的影响。

（12）单片机软件看门狗设计，运行可靠。

NF-308 型多用途网络线缆测试仪的主要技术参数如下。

（1）测试电缆类型。超 5 类、6 类网络线、电话线、同轴电缆及通过鳄鱼夹连接的普通金属线。

（2）探测电缆类型：超 5 类、6 类网络线、电话线、同轴电缆、USB 信号线及通过鳄鱼夹连接的普通金属线。

（3）工作环境温度/湿度：－10 ℃～＋60 ℃/20％～70％。

（4）测试仪器接口：主机接口有 RJ-45（M）、RJ-45（L）回路接口、RJ-45 寻线接口、RJ-11 接口、BNC 接头、USB A 型接口；远端适配器接口有 RJ-45 接口和 BNC 接头。

（5）线缆长度测量要求如下：

①范围：1～2 000 m。

②校准精度：2％（±0.5 m 校准电缆＞10 m）。

③测量精度：3％（±0.5 m 超 5 类、6 类线材）。

④显示单位：m。

（6）长度校准、记忆和调取：用户可用已知长度的电缆线，自设校准系数，并存储在相应的校准单元里（共有 3 个校准单元），在测试同类线时可以直接从相应的校准单元里调取，校准线缆的长度应大于 10 m。

（7）线序和电缆故障定位：故障检测、开路、短路、反接、交叉和串绕。

（8）正负极性判断：可以通过鳄鱼夹接入线路进行极性判断。

（9）系统设置功能：可自行进行语言、单位、背光时间设定和自动关机时间的设定。

2. 仪表接口

主测试端的接口包括电源接口 1 个、RJ-45 主接口 1 个、RJ-45 环回接口 1 个、BNC 接口 1 个及 RJ-45、RJ-11、USB 的探测接口各一个，具体的接口位置如图 1.174 所示。

远端适配器的接口包括 RJ-45 接口 1 个和 BNC 接口 1 个，接收端有耳机接口 1 个，具体接口位置如图 1.175 所示。

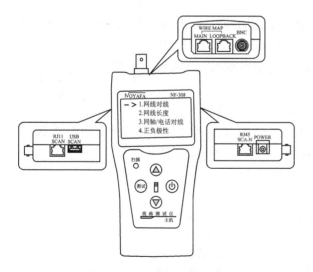

图 1.174　主测试端的接口

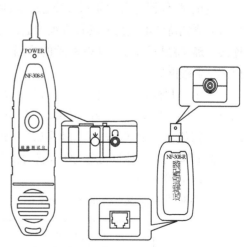

图 1.175　远端适配器和接收端的接口

3. 使用方法

1）开机功能选择

开机 5 s 后显示主菜单画面，如图 1.176 所示。

主菜单画面有五个功能选项菜单,分别是:

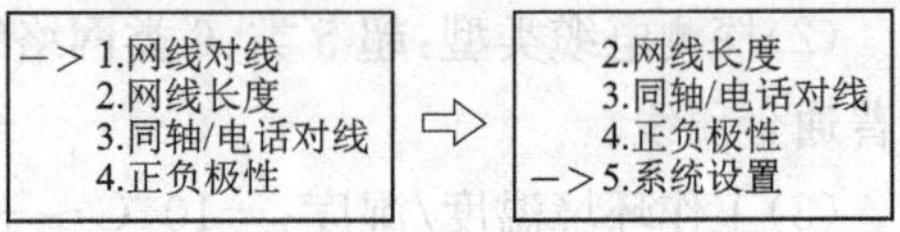

(1)网线对线——可对网线进行对线测试、串扰测试。

图1.176 主菜单画面

(2)网线长度——可对网线进行长度测量。

(3)同轴电话对线——可对 BNC 线和电话线进行对线测试。

(4)正负极性——接上鳄鱼夹可进行正负极性测试。

(5)系统设置——可进行语音、单位、校准、参数调出、背光时间、自动关机的设定。

2)线路测试测量和仪表设置

(1)网络线对线测试

测试时,将被测网线的一端接入 RJ-45 主接口(标注 MAIN),另一端接入 RJ-45 环回接口(标注 LOOPBACK)或远端适配器的 RJ-45 接口。

开启主测试器,选择主菜单的"网线对线"选项进入网线功能后,按"测试"键本机将进行对网线对线测试,此时显示如图1.177所示的画面。

图1.177 "网线对线"功能画面

测试结果1:短路

如果网络线存在短路(例如3、6短路),将显示如图1.178的画面。

此时按任意键返回上级菜单,排除短路故障后按"测试"键重新测试。

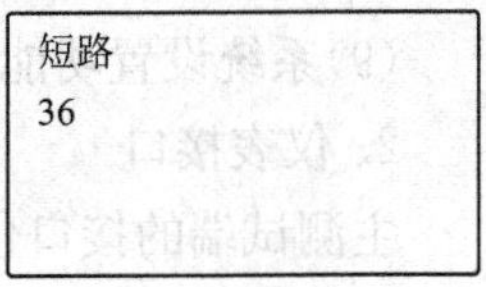

图1.178 短路画面

测试结果2:空载或线缆未连好

如果待测电缆远端没有插远端匹配器(R)或本地测试时电缆未插到本地环回端口(L),将显示如图1.179的画面。

此时按任意键返回上级菜单,排除故障后按"测试"键重新测试。

测试结果3:正常

测试时,仪器将自动侦测远端适配器(R)或本地环回端口(L)电缆。如果侦测到待测电缆另一端接入远端适配器或本地环回端口,并且线路连接正确,将显示如图1.180所示的画面。采用本地测试时,仪器也可以测试屏蔽网线。

图1.179 空载或线缆未连好画面

图中"M"行表示本地主端 RJ-45 端口的脚位。如果是本地测试,用"L"行表示本地 RJ-45 环回端口的脚位;如果是远程测试,用"R"行表示远端适配器 RJ-45 端口的脚位。图中"G"表示本地测试时,屏蔽网线屏蔽层的接续状态。

此时按任意键返回上级菜单,然后按"测试"键重新测试。

测试结果4:交叉

如果网线有交叉(例如4、5交叉),将显示如图1.181所示的画面。

图1.180 正常画面

图1.181 交叉画面

此时按任意键返回上级菜单,然后按"测试"键重新测试。

测试结果 5:开路

开路故障分本地测试和远程测试两种情况。

进行本地测试时,仪表能够检查开路的位置是在近端(靠近 RJ-45 主接口)、中间(双绞线路上),还是远端(靠近 RJ-45 环回接口)。

本地测试时,电缆在远端存在开路时将显示如图 1.182 所示的画面。

图中"L"行"4""5"脚位置显示"×",表示远端插头"4""5"脚有开路,开路位置为靠近远端插头处。

本地测试时,电缆在近端存在开路时将显示如图 1.183 所示的画面。

图 1.182　本地远端开路画面

图 1.183　本地近端开路画面

图中"M"行"3""6"脚位置显示"×",表示近端插头"3""6"脚有开路,开路位置为靠近近端插头处。

本地测试时,电缆在中间存在开路时将显示如图 1.184 所示的画面。

图中"M"和"L"行"3"脚位置都显示"×",表示"3"脚线电缆中间有开路。

进行远程测试时,仪表能够检查线路开路状态,但无法确认开路的位置。

远程测试时,电缆存在开路时将显示如图 1.185 所示的画面。

图 1.184　本地中间开路画面

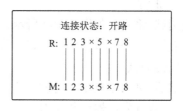

图 1.185　远程开路画面

图中"M"和"R"行"4""6"脚位置显示"×",表示"4"和"5"脚有开路。

显示测试结果后,按任意键返回上级菜单,然后按"测试"键重新测试。

测试结果 6:交叉和开路同时存在

电缆同时存在交叉和开路时将显示如图 1.186 所示画面。

图 1.186　交叉开路同时存在画面

图中"M"和"R"行"3""6"脚位置显示"×",表示"3"和"6"脚有开路,同时又存在"4""5"脚交叉的情况。

此时按任意键返回上级菜单,然后按"测试"键重新测试。

(2)BNC 同轴电缆线序测试

测试时,将被测同轴电缆的一端接入主测试端的 BNC 接口,另一端接入远端适配器的 BNC 接口。

开启主测试器,按"向上""向下"键可将光标"→"移动到主菜单的"同轴电话对线"选项,然后按"测试"键进行 BNC 同轴线线序测试。测试将显示如图 1.187 所示的几种结果。

此时按任意键返回上级菜单,然后按"测试"键重新测试。

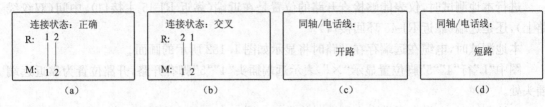

图 1.187　BNC 测试的几种结果

（3）网线长度测试

进行网线长度测量时,线缆的一端接到主测试端的 RJ-45 主接口上,另一端必须保持开路,不可以接远程适配器,否则测试得出的结果不准确。

开启主测试器,按"向上""向下"键可将光标"→"移至"网线长度"选项,然后按"测试"键进行网线长度测试,此时显示如图 1.188 所示的画面。

图 1.188　"网线长度"功能画面

由于各种品牌线缆的技术数据不同,在测量网线长度前,先使用仪器的动态校准功能(具体参照后续有关项目或典型工作任务)。

测试结果 1:短路

如果电缆及端子有短路(例如 2、3 短路),将显示如图 1.189 所示的画面。

此时按任意键返回上级菜单,排除故障后重新测量。

测试结果 2:正常

图 1.189　短路画面

正常长度测试,将显示如图 1.190 所示的画面,其中数字 12、36 等后面的数字为对应线对的长度,图 1.190 表示线对的长度为 105.3 m。

（4）正、负极性测试

开启主测试器,进入主菜单后,按"向上""向下"键可将光标"→"指示移至"正负极性"选项,把鳄鱼夹线连接到发射器的相应 RJ-11 端口,把红黑夹子分别接入线路,按"测量"键进行线路极性判断,如图 1.191 所示。

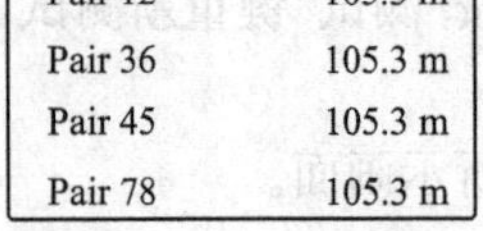

Pair 12	105.3 m
Pair 36	105.3 m
Pair 45	105.3 m
Pair 78	105.3 m

图 1.190　正常画面

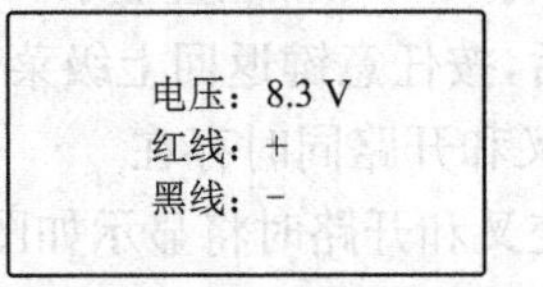

电压: 8.3 V
红线: +
黑线: −

图 1.191　正负极性测试画面

如图 1.191 所示表示线路的电压是 8.3 V,红色鳄鱼夹接入的是线路的正极,黑色鳄鱼夹接入的是线路的负极,此时按"测量"键返回上级菜单,进行其他功能测试。

（5）系统设置

开启主测试器,进入主菜单后,按"向上""向下"键可将光标"→"指示移至"系统设置"选项,按"测量"键进行系统设置,如图 1.192 所示。

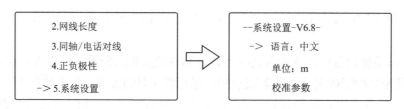

图 1.192　系统设置画面

在系统设置选项中,可以设置系统的语言和单位,都是将"→"移动到相应的选项,按"测量"键进行切换。

由于各种品牌线缆的技术数据不同,在测量网线长度前,先使用仪器的动态校准功能校准参数。进入系统设置界面后,将"→"指示移至"校准参数"选项,按"确认"键显示如图 1.193 所示的画面。

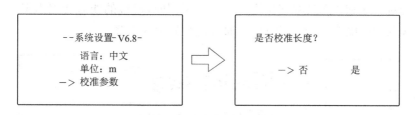

图 1.193　校准参数画面

然后按"向上""向下"键将"→"指示移至"是"选项,按"测量"键进行参数校准。将显示图 1.194 所示的画面。使用"向上""向下"键更改校订基准值。完成校准值设置后,按"测量"键进入校准参数保存界面,如图 1.194 所示。

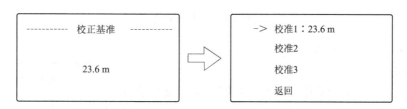

图 1.194　参数保存画面

完成保存后,将"→"指示移至"返回"选项,按"测量"键返回上级菜单,进行其他操作。

需要注意的是,校准参数,可以有 3 个可存储校准参数的校准存储单元。在对网络线进行长度测量时,也就有 3 个可供调出的校准单元。进入系统设置界面后,将"→"指示移至"参数调出"选项,按"测量"键就可以进行参数调出,如图 1.195 所示。

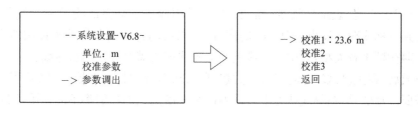

图 1.195　参数调出画面

然后按"向上""向下"键将"→"指示移至需要调出的校准选项,按"测量"键调出所需参数。

除此之外,系统设置中还支持背光时间设置和自动关机时间设置。进入系统设置界面后,将"→"指示移至"背光"选项,按"测量"键就可以进行背光时间设置。背光共有 15 s、30 s 和 60 s 三个背光时间设置。进入系统设置界面后,将"→"指示移至"关机"选项,按"测量"键就可以进行自动关机时间设置。自动关机共有 15 min、30 min、60 min、120 min 和关闭五个关机时间设置。

(6)串绕测试

串绕是指虽然网线中端到端能够正常连通,但是所连接的线来自不同线对,这样会导致串扰过大,干扰网络运行。串绕举例如图 1.196 所示,在正确的网线中,水晶头中的 3、6 脚和 4、5 脚各为一对双绞线对,而在实际的接线当中,却是 3、4 脚和 5、6 脚各为一对双绞线对,因此仪表会显示线对 3、6 和 4、5 就存在串绕。在网线测试时,串绕的线对会闪烁来表示故障。如果采用的是非双绞线电缆,由于干扰过大,通常也会显示为串绕。

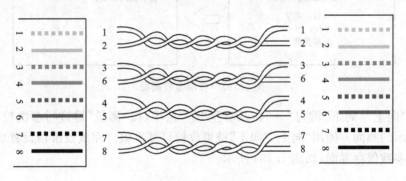

图 1.196 串绕举例

串绕显示画面如图 1.197 所示。

(7)音频寻线

在主测试端上,将寻线开关拨到"寻线"处,寻线指示灯"扫描"闪亮,LCD 屏会显示"寻线中…",表示主测试器音频发射正常,把所需要寻找的线插入印有"SCAN"字样的 RJ-45 寻线接口,如果是 RJ-11/USB/BNC 等线缆,可直接插入相应的 RJ-11/USB/BNC 等线缆,也可以用鳄鱼夹接入线缆中,然后用接收端去寻找所需要的线。

图 1.197 串绕显示画面

接收端带有 LED 照明,方便在黑暗的环境下进行操作。按住接收端的"寻线"键,电源指示灯"POWER"会点亮,表示接收器正常工作,然后用探头从众多的线缆中寻找所需目标线,当探头靠近到目标线时会发出"嘟嘟嘟"的声音(可以拨动音量调节开关来控制所需音量的大小),比较"嘟嘟嘟"声音大小,其中声音最响的那根线就是需要寻找的目标线。

寻线完成后,在主测试端上将寻线开关拨到"关机",寻线指示灯熄灭,LCD 屏同时也会关闭。这里需要注意的是,在寻线状态下对线测试和长度测试的功能都不能使用,因此要想使用对线测试和长度测试功能,必须将寻线开关拨到"关机"。

相关规范、规程与标准

1.《铁路通信设计规范》(TB 10006—2016)3.2.5 条对电缆类型选择作了规定;3.6.2 条对电缆接续作了规定。

2.《通信线路工程设计规范》(GB 51158—2015)4.3 对电缆的选择作了规定;7.8 对电缆的接续作了规定。

3.《高速铁路通信工程施工技术规程》(Q/CR 9606—2015)5.3 对高速铁路中电缆单盘检测作了规定;5.6 对电缆接续及引入作了规定;5.8 对电缆检测作了规定。

 项目小结

本项目介绍电缆通信线路,分别从对称电缆、同轴电缆和数据通信双绞线电缆来介绍,其中对称电缆是作为重点介绍的。

典型工作任务 1 至典型工作任务 3 介绍了对称电缆线路的基础知识和基本原理及对称电缆线路维护工作中的主要操作。首先从对称电缆的结构入手,接着介绍了对称电缆的分类及型号、对称电缆端别识别及线序编排,以及对称电缆的主要电气参数等。同时,本项目介绍对称电缆接续及成端,详细讲述了全塑市话电缆和长途对称电缆接续及成端安装的操作方法和操作步骤及规范要求。最后介绍了对称电缆测试时,主要围绕电缆环阻测量、不平衡电阻测量、接地电阻测量、绝缘电阻测量、电缆线路障碍测试及 T-C300 综合测试的使用等项目展开。

典型工作任务 4 介绍了同轴电缆通信线路的基础知识和基本原理,简单介绍了同轴电缆的接续和测量方法。同时,本项目介绍了通信系统常用的 2 M 线接头的制作方法,扩展讲解了 2 M 测试仪的使用方法。

典型工作任务 5 介绍了数据通信双绞线通信线路的结构、分类、型号等基本概念问题,重点介绍了使用 RJ-45 压线钳完成制作双绞线跳线的基本操作,同时扩展讲解了使用多功能测线仪对双绞线线路进行测试和寻线的基本操作。

 复习思考题

1. 什么是对称电缆?

2. 对称电缆的导电芯线有什么要求? 它用什么材料制作? 市话对称电缆与长途对称电缆常用的线径是多少?

3. 对称电缆缆芯的色谱是如何排布的?

4. 常用的对称电缆如何分类? 市话电缆和长途电缆的型号是怎样规定的?

5. 如何确定全塑对称电缆的 A、B 端?

6. 使用扣式接线子对全塑市话电缆接续时,接线子排数和接续长度是如何规定的?

7. 使用模块式卡接对全塑市话电缆接续有哪些规定?

8. 请简述扣式接线子的接续方法和操作步骤。

9. 请简述模块式卡接接续方法和操作步骤。

10. 全塑市话电缆接续套管如何选用？

11. 简述全塑市话电缆接续套管封合具体的操作步骤。

12. 长途对称电缆如何进行接续？

13. 简述局内成端电缆的技术要求。

14. 电缆线路常见的障碍有哪些？

15. 简述电缆线路障碍测试的基本步骤。

16. 简述电桥测量电阻的基本原理。

17. 简述电桥法测试环阻的操作方法及步骤。

18. 简述用直流电桥测量电缆不平衡电阻的方法。

19. 简述接地电阻的测量方法。

20. 简述使用兆欧表测量绝缘电阻的方法。

21. T-C300 电缆故障综合测试仪有哪些特点？

22. 同轴电缆的结构是怎样的？如何分类？型号如何命名？

23. 同轴电缆直流特性测试项目有哪些？如何进行测试？

24. 2 M 线接头有哪些种类？

25. 简述 2 M 线接头制作的具体步骤。

26. RY1200A 对 2 Mbit/s 接口数字通道能进行哪些测试？

27. 数据通信双绞线电缆的结构是怎样的？如何分类？

28. 简述双绞线跳线的制作步骤。

29. NF-308 型多用途网络线缆测试仪的主要特点有哪些？

项目 2　光通信线路

项目描述

本项目主要针对铁路通信系统中光通信线路的维护问题展开,基本任务是完成光通信线路的接续、测试工作。本项目主要学习解决以下三个问题:

(1)解决光纤的基本原理、光纤熔接的基本操作和工艺问题。

(2)解决光缆的基本结构、光缆接续的基本操作和工艺问题。

(3)解决光通信线路的测试和维护方法问题。

拟实现的教学目标

1. 知识目标

(1)掌握光纤的基本结构、分类,掌握常用的光纤类型,理解光纤的导光原理,理解光纤的传输特性。

(2)掌握光纤熔接相关工具(米勒钳、光纤切割刀等)和光纤熔接机的使用方法。

(3)掌握光缆的基本结构,理解常用光缆的色谱,掌握光缆端别识别方法。

(4)掌握光缆接续的步骤、规范和基本工艺,了解光缆线路工程施工的相关情况。

(5)掌握光通信线路测试方法,掌握光时域反射仪(OTDR)的使用方法。

2. 能力目标

(1)能正确解释光纤的概念、结构、分类和基本导光原理。

(2)能独立正确地使用相关工具和仪器进行光纤熔接操作。

(3)能正确解释光缆的结构、色谱;能正确识别光缆的 A/B 端。

(4)能独立正确地使用相关工具进行光缆纵剖和接续操作。

(5)能独立正确地使用相关仪表进行光通信线路的测试。

3. 素质目标

(1)培养谦虚谨慎的学习态度和认真严谨的工作作风。

(2)树立正确的安全观念。

典型工作任务 1　光纤的基础知识

2.1.1　工作任务

1. 通过学习,弄清光纤的概念、分类和基本导光原理问题。

2. 通过学习,熟悉光纤通信常用光器件和测量仪表。

2.1.2 相关配套知识

1. 光纤的概念

光纤是光导纤维的简称,是长距离传输光信号采用的圆柱体传输介质,它引导光信号沿着轴线方向传播。

2. 光纤的结构

光纤通常由多层的透明介质构成,通常可以分为纤芯、包层和涂覆层三层。图 2.1 标示了普通光纤的三层结构。

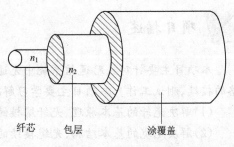

图 2.1 普通光纤的结构

1) 纤芯

纤芯位于光纤的中部,是光信号传输的主要载体,其成分是高纯度的二氧化硅(SiO_2),同时掺杂少量的掺杂剂。纤芯的掺杂剂主要有二氧化锗(GeO_2)、五氧化二磷(P_2O_5)等,加入掺杂剂的目的是提高纤芯的折射率(n_1)。纤芯的直径很小,通信用光纤纤芯的直径为 4~10 μm(单模光纤)或 50 μm(多模光纤)。

2) 包层

包层位于纤芯的周围(其直径约为 125 μm),其成分也是高纯度二氧化硅(SiO_2),同时掺杂少量的掺杂剂。包层的掺杂剂主要有三氧化二硼(B_2O_3)等,加入掺杂剂的目的是降低包层的折射率(n_2),使之低于纤芯的折射率,以使光信号在纤芯内全反射传播。

3) 涂覆层

涂覆层在包层的周围,主要由丙烯酸酯、硅橡胶或尼龙等材料构成,其作用是改善光纤的机械强度和可弯曲度。由于其不起导光作用,因此涂覆层可以染成各种颜色。有时,在一次涂覆层外面还会再涂上一层聚丙烯或尼龙等热塑材料,称为二次涂覆层或套塑。在两层涂覆之间有性能良好的填充油膏,一般涂覆后的光纤外径在 1.5 mm 左右。实际应用中,也有三次涂覆的光纤。

3. 光纤的导光原理

这里仅从几何光学的角度讨论阶跃型光纤的导光原理,渐变型光纤的导光原理较为复杂,暂时不做进一步讨论(阶跃型光纤和渐变型光纤的概念见以下"光纤的分类"部分)。

光在均匀介质中按直线传播,但在到达两种不同介质的分界面时会发生反射和折射现象,这种现象在纤芯和包层之间也会出现,如图 2.2 所示。

根据光反射定律,反射角等于入射角;根据光折射定律,$n_1 \sin\theta_1 = n_2 \sin\theta_2$。其中,$n_1$ 为纤芯的折射率,n_2 为包层的折射率。

很显然,若 $n_1 > n_2$,则有 $\theta_1 > \theta_2$。当入射角增大到临界角 θ_c,或 n_1 与 n_2 的比值增大到一定程度时,就会出现 $\theta_2 \geqslant 90°$,此时的折射光线不再进入包层。这种现象称为光的全反射现象,如图 2.3 所示。

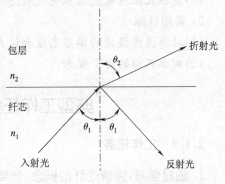

图 2.2 光的反射与折射

由此可见，由于光在光纤中发生全反射现象时，光信号均在纤芯中传播，因此光纤的衰耗是很小的，光信号即可以在光纤中长距离有效传输。早期的阶跃型光纤就是按照这种原理来设计的。

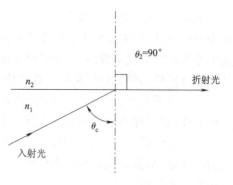

图 2.3 光的全反射现象

4. 光纤的分类

目前光纤的种类繁多，但就其分类方法而言大致有 4 种，即按光纤剖面折射率分布分类、按传播模式的数量分类、按工作波长分类和按套塑类型分类等。此外，若按光纤的组成成分分类，除目前最常应用的石英光纤之外，还有含氟光纤与塑料光纤等。

1）按光纤剖面折射率分布分

按光纤剖面折射率分布分类，光纤可分为阶跃型光纤（Step Index Fiber，SIF）和渐变型光纤（Graded Index Fiber，GIF）。

（1）阶跃型光纤：是指在纤芯与包层区域内，其折射率分布是各自均匀的，其值分别为 n_1 与 n_2，但在纤芯与包层的分界处，其折射率的变化是阶跃的。阶跃型光纤的折射率分布如图 2.4 所示。

阶跃型光纤折射率分布的表达式为

$$n(r) = \begin{cases} n_1 & (r \leqslant a_1) \\ n_2 & (a_1 < r \leqslant a_2) \end{cases}$$

（2）渐变型光纤：是指光纤轴心处的折射率（n_1）最大，而沿剖面径向的增加而逐渐变小，其变化规律一般符合抛物线规律，到了纤芯与包层的分界处，正好降到与包层区域的折射率（n_2）相等的数值；在包层区域中其

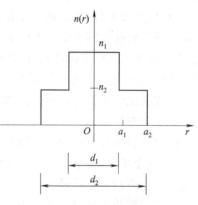

图 2.4 阶跃型光纤的折射率分布

折射率的分布是均匀的，即为 n_2。渐变型光纤的折射率分布如图 2.5 所示。

渐变型光纤的剖面折射率如此分布的主要原因是为了降低多模光纤的模式色散，增加光纤的传输容量。

阶跃型光纤是早期光纤的结构形式，后来在多模光纤中逐渐被渐变型光纤所取代（因渐变型光纤能大大降低多模光纤所特有的模式色散），但用它来解释光波在光纤中的传播还是比较形象的。而现在当单模光纤逐渐取代多模光纤成为当前光纤的主流产品时，阶跃型光纤结构又作为单模光纤的结构形式之一重新被重视起来。

2）按传播模式的数量分

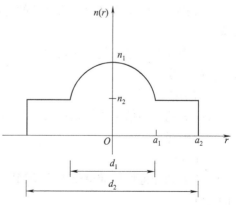

图 2.5 渐变型光纤的折射率分布

按传播模式的数量分类可分为多模光纤（Multi-Mode Fiber，MMF）和单模光纤（Single Mode Fiber，SMF）。

众所周知,光是一种频率极高的电磁波,当它在波导——光纤中传播时,根据波动光学理论和电磁场理论,需要用麦克斯韦方程组来解决其传播方面的问题。而通过繁琐地求解麦克斯韦方程组之后就会发现,当光纤纤芯的几何尺寸远大于光波波长时,光在光纤中会以几十种乃至几百种传播模式进行传播。在工作波长一定的情况下,光纤中存在多个传输模式,这种光纤就称为多模光纤。多模光纤的横截面折射率分布有均匀的和非均匀两种,前者称为阶跃型多模光纤,后者称为渐变型多模光纤。多模光纤的传输特性较差、带宽较窄、传输容量较小。

在工作波长一定的情况下,光纤中只有一种传输模式的光纤,称为单模光纤。单模光纤只能传输基模(最低阶模),不存在模间的传输时延差,具有比多模光纤大得多的带宽,这对于高速传输是非常重要的。

3)按工作波长分

按工作波长分类可分为短波长光纤与长波长光纤。

(1)短波长光纤:在光纤通信发展的初期,人们使用的光波的波长在 $0.6 \sim 0.9$ μm 范围内(典型值为 0.85 μm),习惯上把在此波长范围内呈现低衰耗的光纤称为短波长光纤。短波长光纤属于早期产品,目前很少采用。

(2)长波长光纤:随着研究工作的不断深入,人们发现在波长 1.31 μm 和 1.55 μm 附近,石英光纤的衰耗急剧下降。不仅如此,在此波长范围内石英光纤的材料色散也大大减小。因此,人们的研究工作又迅速转移,并研制出在此波长范围内衰耗更低、带宽更宽的光纤,习惯上把工作在 $1.0 \sim 2.0$ μm 波长范围内的光纤称之为长波长光纤。

长波长光纤因具有衰耗低、带宽宽等优点,特别适用于长距离、大容量的光纤通信。

4)按套塑类型分

按套塑类型分类可分为紧套光纤与松套光纤。

(1)紧套光纤:是指二次、三次涂覆层与预涂覆层及光纤的纤芯、包层等紧密地结合在一起的光纤。目前此类光纤居多。

未经套塑的光纤,其衰耗—温度特性是十分优良的,但经过套塑之后其温度特性下降。这是因为套塑材料的膨胀系数比石英高得多,在低温时收缩较厉害,压迫光纤发生微弯曲,增加了光纤的衰耗。

(2)松套光纤:是指经过预涂覆后的光纤松散地放置在一塑料管之内,不再进行二次、三次涂覆。

松套光纤的制造工艺简单,其衰耗—温度特性与机械性能也比紧套光纤好,因此越来越受到人们的重视。

5. 常用光纤简介

长距离的光通信主要使用单模光纤,ITU-T 建议规范了 G.652、G.653、G.654 和 G.655 这 4 种单模光纤。

1)G.652 光纤

G.652 光纤也称标准单模光纤(SMF),是指色散零点(即色散为零的波长)在 1.31 μm 附近的光纤。

2)G.653 光纤

G.653 光纤也称色散位移光纤(DSF),是指色散零点在 1.55 μm 附近的光纤,它相对于 G.652 光纤,色散零点发生了移动。

3)G. 654 光纤

G. 654 光纤是截止波长移位的单模光纤,其设计重点是降低 1.55 μm 的衰减,其零色散点,仍然在 1.31 μm 附近,因而 1.55 μm 窗口的色散较高。G. 654 光纤主要应用于海底光纤通信。

4)G. 655 光纤

由于 G. 653 光纤的色散零点在 1.55 μm 附近,DWDM 系统在零色散波长处工作易引起四波混频效应。为了避免该效应,将色散零点的位置从 1.55 μm 附近移开一定波长数,使色散零点不在 1.55 μm 附近的 DWDM 工作波长范围内。这种光纤就是非零色散位移光纤(NDSF)。

这四种单模光纤的主要性能指标是衰减、色散、偏振模色散(PMD)和模场直径。另外 G. 653 光纤是为了优化 1.55 μm 窗口的色散性能而设计的,但它也可以用于 1.31 μm 窗口的传输。由于 G. 654 光纤和 G. 655 光纤的截止波长都大于 1.31 μm,所以 G. 654 光纤和 G. 655 光纤不能用于 1.31 μm 窗口。

在《铁路通信设计规范》(TB 10006—2016)中规定,光纤的选择应该符合如下条件:

(1)宜采用单模光纤。

(2)宜选择 G. 652 光纤,也可选择 G. 655 光纤等。

(3)光纤性能应符合《通信用单模光纤》(GB/T 9771)等有关技术标准的规定,该技术标准的第 1 部分至第 6 部分最新版本为 2008 版本,第 7 部分最新版本为 2012 版本。

6. 光纤通信常用光器件和测试器材

光纤通信系统中所用的器件可以分成有源器件和无源器件两大类。有源器件的内部存在着光电能量转换的过程,如光源、光电检测器等;而没有光电能量转换过程的器件则称为无源器件,如光开关、光耦合器等。这里主要介绍常用通信光器件的原理、结构及应用等。

同时,在光纤通信中通常要对光信号进行测量和测试。在这个过程中,最常用的测量仪表是光功率计,在这里一并介绍。

1)有源光器件

(1)光源

光源可实现从电信号到光信号的转换,是光发射机及光纤通信系统的核心器件,它的性能直接关系到光纤通信系统的性能和质量指标。这里主要对激光二极管(LD,又称激光器)和发光二极管(LED)这两种光源的结构、工作原理及相关的特性进行简要介绍。

①半导体激光器(激光二极管 LD)

半导体激光器又称激光二极管,是用半导体材料作为工作物质的激光器。由于物质结构上的差异,不同种类物质产生激光的具体过程都不一样。常用工作物质有砷化镓(GaAs)、硫化镉(CdS)、磷化铟(InP)、硫化锌(ZnS)等。激励方式有电注入、电子束激励和光泵浦三种形式。半导体激光器件,可分为同质结、单异质结、双异质结等几种。同质结激光器和单异质结激光器在室温时多为脉冲器件,而双异质结激光器室温时可实现连续工作。

半导体激光器是最实用、最重要的一类激光器。它体积小、寿命长,并可采用简单的注入电流的方式来泵浦其工作电压和电流与集成电路兼容,因而可与之单片集成。并且还可以用高达 GHz 的频率直接进行电流调制以获得高速调制的激光输出。由于这些优点,半导体二极管激光器在激光通信、光存储、光陀螺、激光打印、测距及雷达等方面已经获得了广泛的应用。

工程上常使用红色的激光器作为测试光源,图 2.6 是测试用红光源实物外形。

这种测试用红光源波长在(650 ± 10) nm,支持单模光纤和多模光纤,通常有 1 mW/3 km、10 mW/10 km 和 20 mW/15 km 可选,由两节 AA 1.5 V 干电池供电,支持 FC 和 SC 接头,通过适配器可以连接其他接头。测试时,通过选择开关,可以选择闪烁和常亮两种模式,方便进行线路的测试。

图 2.6　测试用红光源实物外形

②发光二极管(LED)

与显示所用 LED 发出的是可见光(如红光、绿光等)不同,光纤通信用的发光二极管通常发出的是不可见的红外光,但是它们的发光机理基本相同。LED 的发射过程主要对应光的自发辐射过程,当注入正向电流时,注入的非平衡载流子在扩散过程中复合发光,所以 LED 是非相干光源,并且不是阈值器件,它的输出功率基本上与注入电流成正比。

LED 的谱宽较宽($30\sim60$ nm),辐射角也较大。在低速率的数字通信和较窄带宽的模拟通信系统中,LED 是可以选用的最佳光源,与激光器相比,LED 的驱动电路较为简单,并且产量高、成本低。

LED 与激光器的主要差别是 LED 没有光学谐振腔,不能形成激光,同时仅限于自发辐射,所发出的是非相干光。而激光器是受激辐射,发出的是相干光。

LED 与 LD 相比,LED 输出光功率较小、谱线宽度较宽、调制频率较低。但 LED 性能稳定、寿命长、使用简单、输出光功率线性范围宽,而且制造工艺简单、价格低廉。

LED 通常和多模光纤耦合,用于 1.31 μm 或 0.85 μm 波长的小容量、短距离的光通信系统。

LD 通常和单模光纤耦合,用于 1.31 μm 或 1.55 μm 波长的大容量、长距离光通信系统。

分布反馈激光器(DFB-LD)主要也和单模光纤或特殊设计的单模光纤耦合,用于 1.55 μm 波长超大容量的新型光纤系统,这是目前光纤通信发展的主要趋势。

(2)光电检测器

光电检测器(PD)的作用是将接收到的光信号转换成电流信号,即完成光/电信号的转换。对 PD 的基本要求是:

①在系统的工作波长上具有足够高的响应度,即对一定的入射光功率,能够输出尽可能大的光电流。

②具有足够快的响应速度,能够适用于高速或宽带系统。

③具有尽可能低的噪声,以降低器件本身对信号的影响。

④具有较小的体积、较长的工作寿命等。

目前常用的半导体光电检测器有两种:PIN 光敏二极管(PIN-PD)和雪崩光敏二极管(APD)。

(3)光放大器

光放大器是可将微弱光信号直接进行光放大的器件。光放大器是基于受激辐射或受激散射的原理来实现对微弱入射光进行放大的,其机制与激光器完全相同。实际上,光放大器在结构上是一个没有反馈或反馈较小的激光器。当光介质在泵浦电流或泵浦光作用下产生粒子数反转时就获得了光增益,即可实现光放大。本典型工作任务介绍常用光放大器的类型,并重点阐述掺铒光纤放大器的原理和应用。

光放大器按原理不同大体上有 3 种类型,这几种类型的光放大器的工作原理和激励方式各不相同:

①掺杂光纤放大器,就是利用稀土金属离子作为激光工作物质的一种放大器。

②传输光纤放大器,其中有受激拉曼散射(Stimulated Raman Scattering,SRS)光纤放大器、受激布里渊散射(Stimulated Brilliouin Scattering,SBS)光纤放大器和利用四波混频效应(FWM)的光放大器等。

③半导体激光放大器,其结构大体上与激光二极管(Laser Diode,LD)相同。

2)无源光器件

(1)光纤连接器

①连接器的类型和种类

光纤连接器又称为光纤活动连接器,是实现光纤与光纤之间、光纤与光纤系统或仪表、光纤与其他无源光器件之间的可拆卸连接器件。光纤的连接器实物图与光纤的耦合如图 2.7 所示。光纤连接器的种类有:FC/FC 平面型、FC/PC 球面型、FC/APC 斜八度型、PC/SC 直插式方头型、ST-Q 式和多芯阵列式,其结构见表 2.1。

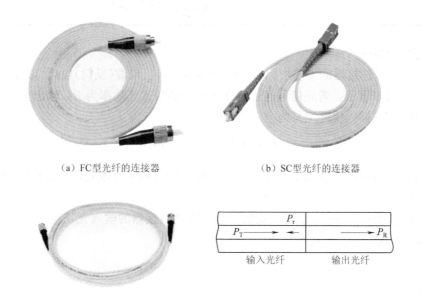

(a)FC型光纤的连接器　　　　　　　　(b)SC型光纤的连接器

(c)ST型光纤的连接器　　　　　　　　(d)光纤的耦合示意图

图 2.7　光纤的连接器实物图与光纤的耦合图

表 2.1　各种光纤连接器结构　　　　　　　　　　　　　　　单位:mm

光纤连接器种类	结　　构
FC/FC 圆头/平面型 FC/PC 圆头/球面型 FC/APC 圆头/斜八度型	

续上表

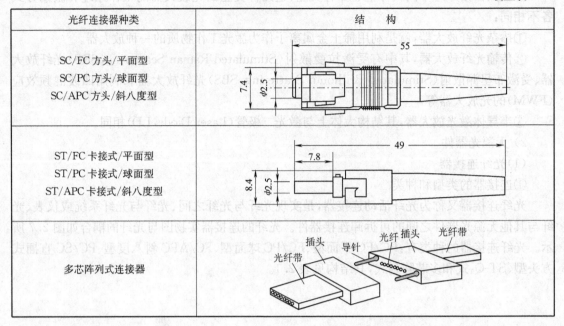

光纤连接器种类	结 构
SC/FC 方头/平面型 SC/PC 方头/球面型 SC/APC 方头/斜八度型	
ST/FC 卡接式/平面型 ST/PC 卡接式/球面型 ST/APC 卡接式/斜八度型	
多芯阵列式连接器	

②主要性能指标

评价一个光纤连接器的主要指标有 4 个,即插入损耗、回波(反射)损耗、重复性和互换性。

插入损耗用 L 表示。若光信号通过活动连接器的输入光功率为 P_T,输出光功率为 P_R,如图 2.7 (d)所示,则插入损耗定义为

$$L = 10\lg \frac{P_T}{P_R} \qquad \text{(dB)}$$

理想的光纤活动连接器是 $P_T = P_R$,$L = 0$,这就要求两光纤准直,但实际上光纤连接损耗是难以避免的。

回波(反射)损耗用 R_L 表示。若光信号通过活动连接器的输入光功率为 P_T,后向反射光功率为 P_r,则回波(反射)损耗定义为

$$R_L = 10\lg \frac{P_T}{P_r} \qquad \text{(dB)}$$

从定义式可知,回波损耗越大越好,以减少反射光对光源和系统的影响。一般传送模拟电视信号的光纤链路 R_L 大于 60 dB,一般的光数字传输系统要求 R_L 大于 40 dB。

重复性是指活动连接器多次插拔后插入损耗的变化,单位用 dB 表示。互换性是指光纤连接器互换时插入损耗的变化,单位用 dB 表示。常用光纤连接器的一般性能指标见表 2.2。

表 2.2 常用光纤连接器的一般性能指标

结构和特性 \ 类型	FC/PC	FC/APC	SC/PC	SC/APC	ST/PC
结构特点 — 插针套管(包括光纤)端面形状	凸球面	8°斜面	凸球面	8°斜面	凸球面
结构特点 — 连接方式	螺纹	螺纹	轴向插拔	轴向插拔	卡口
结构特点 — 连接器形状	圆形	圆形	矩形	矩形	圆形

续上表

类型 结构和特性		FC/PC	FC/APC	SC/PC	SC/APC	ST/PC
性能 指标	平均插入损耗(dB)	≤0.2	≤0.3	≤0.3	≤0.3	≤0.2
	最大插入损耗(dB)	0.3	0.5	0.5	0.5	0.3
	重复性(dB)	≤±0.1	≤±0.1	≤±0.1	≤±0.1	≤±0.1
	互换性(dB)	≤±0.1	≤±0.1	≤±0.1	≤±0.1	≤±0.1
	回波损耗(dB)	≥40	≥60	≥40	≥60	≥40
	插拔次数	≥1 000	≥1 000	≥1 000	≥1 000	≥1 000
	使用温度范围(℃)	−40~+80	−40~+80	−40~+80	−40~+80	−40~+80

(2)光分路耦合器

光分路耦合器(OBD)的功能是把一个输入的光信号分配给多个输出,或把多个光信号输入组合成一个输出。光分路耦合器大多与波长无关,与波长有关的专称为波分复用器/解复用器。

①光分路耦合器基本结构

常用的光分路耦合器有 X 形耦合器、Y 形耦合器、星形耦合器、树形耦合器等不同类型,各具有不同功能和用途。图 2.8 是 X 形耦合器模型,其功能见表 2.3。X 形(2×2)耦合器及1×N、N×N 星形耦合器大多数采用熔融双锥的制造方法,即将多根裸光纤绞合熔融在一起而成,图 2.9 是 X 形耦合器的耦合机理。

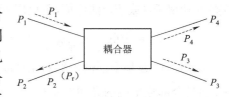

图 2.8　X 形耦合器模型

表 2.3　光纤耦合器的功能

输入	按比例输出	作用
P_1	P_4, P_3	分路(P_2很小)
P_4, P_3	P_1	耦合(P_2很小)
P_2(P_r)	P4, P3	分路(P_1很小)

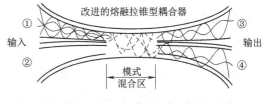

图 2.9　X 形耦合器的耦合机理

星形耦合器($N×M$)如图 2.10 所示,其功能是把 N 根光纤输入的光功率组合在一起,均匀地分配给 M 根光纤输出,N 和 M 不一定相等。星形耦合器通常用作多端功率分配器,这种光耦合器与波长无关。

树形和星形耦合器的制作都可用 2×2 耦合器拼接而成,分别如图 2.11 和图 2.12 所示。光分路耦合器实物如图 2.13 所示。

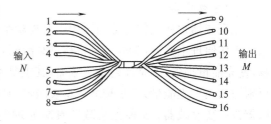

图 2.10　星形耦合器

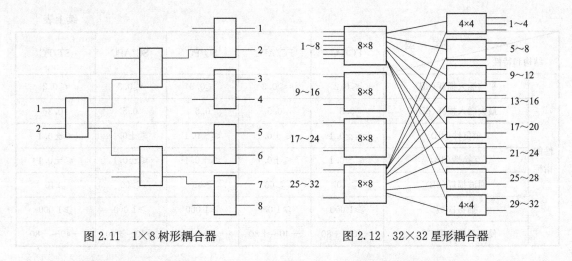

图 2.11　1×8 树形耦合器　　　　　图 2.12　32×32 星形耦合器

②光分路耦合器的性能指标

光分路耦合器的性能指标有插入损耗、附加损耗、分光比和隔离度等,以图 2.8 所示的 X 形耦合器参考模型为例,讨论其主要性能指标。

插入损耗 L_i 是指定输入端的光功率 P_1 与指定输出端的光功率 P_4(或 P_3)的比值,单位用 dB 表示,即

$$L_i = 10\lg \frac{P_1}{P_4(\text{或} P_3)} \quad (\text{dB})$$

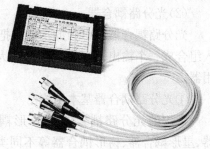

图 2.13　光分路耦合器实物

附加损耗 L 是全部输入端的光功率总和 P_1(或 $P_1 + P_2$)与全部输出端的光功率总和($P_3 + P_4$)比值,单位用 dB 表示,即

$$L = 10\lg \frac{P_1}{P_4 + P_3} \quad (\text{dB})$$

分光比 CR 是一个指定输出端的光功率 P_4(或 P_3)与全部输出端的光功率总和($P_3 + P_4$)比值的百分比,即

$$\text{CR} = \frac{P_3(\text{或} P_4)}{P_4 + P_3} \times 100\%$$

隔离度 DIR 反映光分路耦合器反向散射信号的大小参数,是指一个输入端光功率 P_1 与由耦合器反射到其他输入端的光功率 P_2(或 P_r)的比值,单位用 dB 表示,即

$$\text{DIR} = 10\lg \frac{P_1}{P_2(\text{或} P_r)} \quad (\text{dB})$$

(3)光衰减器

光衰减器是在光信息传输过程中对光功率进行预定量的光衰减。光衰减器实现光功率衰减的工作原理主要有三种:一是位移型衰减器,其主要利用两纤对接发生一定的横向或轴向位移,使光能量损失;二是反射型衰减器,其主要利用调整平面镜角度,使两纤对接的光信号发生反射溢出损失光能量;三是衰减片型衰减器,其主要利用具有吸收特性的衰减片制作成固定衰减器或可变衰减器。3 种光衰减器衰减原理的说明见表 2.4。光衰减器产品实物如图 2.14 所示。

表 2.4 3 种光衰减器衰减原理的说明

种　类	图　示	说　明
位移型光衰减器	L_1、L_2为微透镜，其轴线位移d通过改变d的大小来控制衰减大小	
反射型光衰减器	RL 为对λ/4自聚焦透镜，它可以把处于输入端面的点光源发出的光线在输出端面变换成平行光，反之可把平行光线变换成点光源。M 为镀了部分透射膜的平面镜	
衰减片型光衰减器	A 为可连续吸收片，B 为阶跃吸收片，其不同位置上的衰减量不等。旋转 A 可以连续衰减入射光，旋转 B 则是阶跃衰减入射光	

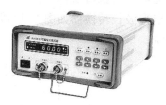

（a）固定衰减器　　　　（b）小型可变衰减器　　　　（c）可变衰减器仪表

图 2.14 光衰减产品实物

（4）光隔离器与光环行器

①光隔离器

光隔离器的作用是保证光波只能正向传输，避免线路中由于各种因素产生的反射光再次进入激光器而影响激光器的工作稳定性。

光隔离器主要用在激光器或光放大器的后面。激光器、光放大器对来自连接器、熔接点、滤波器的反射光非常敏感，反射光将导致它们的性能恶化，如激光器的谱宽受反射光的影响会展宽或压缩，甚至可达几个数量级。因此要在靠近这种光器件的输出端放置光隔离器，阻止反射光的影响。

光隔离器的主要性能指标有工作波长、典型插入损耗（参考值：0.4 dB）、最大插入损耗（参考值：0.6 dB）、典型峰值隔离度、最小隔离度（参考值：40 dB）、回波损耗（即反射损耗，参考值：输入/输出 60 dB/60 dB）等。

②光环形器

光环形器与光隔离器的工作原理基本相同，只是光隔离器一般为两端口器件，而光环形器则为多端口器件。光环形器为双向通信中的重要器件，它可以完成正/反向传输光的分离任务,用于单纤双向通信。光环形器示意图如图 2.15 所示,光环形器用于单纤双向通信的示意图如图 2.16 所示。

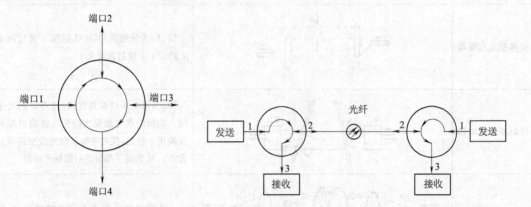

图 2.15　光环形器示意图　　　　图 2.16　光环形器用于单纤双向通信的示意图

(5)波长转换器

波长转换器是使信号从一个波长转换到另一个波长的器件。波长转换器根据波长转换机理可分为光电型波长转换器和全光型波长转换器。

①光电型波长转换器

光电型波长转换器如图 2.17 所示。由于速度受电子器件限制,它不适应高速大容量光纤通信系统。

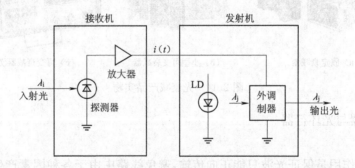

图 2.17　光电型波长转换器

②全光型波长转换器

全光型波长转换器如图 2.18 所示,其波长转换技术主要由半导体光放大器(SOA)构成。

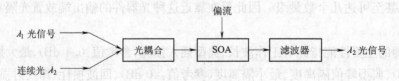

图 2.18　全光型波长转换器

波长为λ_1的光信号与需要转换为波长为λ_2的连续光信号同时送入 SOA,SOA 对λ_1光功率存在增益饱和特性,结果使得输入光信号所携带的信息转换到λ_2上,通过滤波器取出λ_2光信号,即可实现从λ_1到λ_2的全光波长转换。

（6）光开关

光开关是光交换的关键器件，它具有一个或多个可选择的传输端口，可对光传输线路中的光信号进行相互转换或实行逻辑运算，在光纤网络系统中有着广泛的应用。

光开关可分成机械式和非机械式两大类。机械式光开关依靠光纤或光学元件的移动，使光路发生转换；非机械式光开关依靠电光、声光、热光等效应来改变波导的折射率，使光路发生变化。下面对这两类光开关的结构、工作原理作一介绍。

①机械式光开关

新型机械式光开关有微型机电系统光开关和金属薄膜光开关两类。

微型机电系统（Micro Electro Mechanical Systems，MEMS）光开关是在半导体衬底材料上制造出可以作微小移动和旋转的微反射镜阵列，微反射镜的尺寸非常小，约 140 μm×150 μm，它在驱动力的作用下，将输入光信号切换到不同的输出光纤中。

加在微反射镜上的驱动力是利用热力效应、磁力效应或静电效应产生的。MEMS 光开关的结构如图 2.19 所示。当微反射镜为取向 1 时，输入光经输出波导 1 输出；当微反射镜为取向 2 时，输入光经输出波导 2 输出。微反射镜的旋转由控制电压（100～200 V）完成。这种器件的特点是体积小、消光比（光开关处于通状态时的输出光功率与断状态时的输出光功率之比）大、对偏振不敏感、成本低、开关速度适中，插入损耗小于 1 dB。

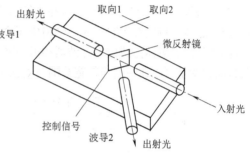

图 2.19　MEMS 光开关的结构

金属薄膜光开关的结构如图 2.20 所示。这种光开关的波导芯层下面是底包层，上面则是金属薄膜，金属薄膜与波导之间为空气。施加在金属薄膜与衬底之间的电压使金属薄膜获得静电力，在它的作用下，金属薄膜向下移动与波导接触在一起，使波导的折射率发生改变，从而改变了通过波导的光信号的相移。图 2.20（c）中，如果不加电压，金属薄膜翘起，两个臂的相移相同，此时光信号从端口 2 输出；如果加电压，金属薄膜与波导接触，引起该臂 π 的相移，光信号从端口 1 输出。

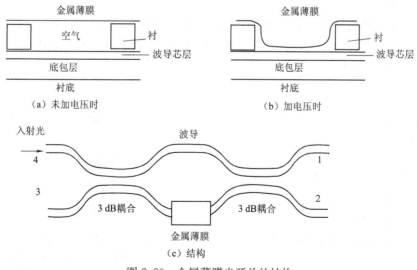

图 2.20　金属薄膜光开关的结构

②非机械式光开关

非机械式光开关的类型有液晶光开关、电光效应光开关、热光效应光开关、半导体光放大器光开关等。

液晶光开关是在半导体材料上制作出偏振光束分支波导,在波导交叉点上刻蚀具有一定角度的槽,槽内注入液晶,槽下安置电热器。不对槽加热时,光束直通;加热后,液晶内产生气泡,经它的全反射,光改变方向,输出到要求的波导中。

电光效应、热光效应等是利用某些材料的折射率随电压和温度的变化而改变的现象,从而实现光开、关的器件。

半导体光放大器光开关利用改变半导体光放大器的偏置电压实现开关功能。

光开关的参数主要有波长范围、插入损耗、光路回波损耗、串扰、光路输入功率、偏振相关损耗、重复性、开关速度和寿命等。

(7)光滤波器

光滤波器是一种波长选择器件,在光纤通信系统中有着重要的应用,如之前介绍的光放大器中对噪声的滤波。特别在 WDM 光纤网络中每个接收机都必须选择所需要的信道,滤波器成为必不可少的部分。滤波器分成固定滤波器和可调谐滤波器两大类。前者是允许一个确定波长的信号光通过,而后者是可以在一定光带宽范围内动态地选择波长。光滤波器的功能和分类如图 2.21 所示。

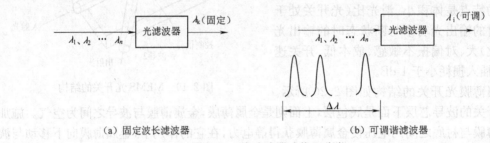

(a)固定波长滤波器　　　　　　　　　　　(b)可调谐滤波器

图 2.21　光滤波器功能和分类

实际光滤波器的传输特性如图 2.22 所示。固定波长光滤波器的主要参数是中心波长λ_0,带宽 $\Delta\lambda$,除它们以外,还有插入损耗和隔离度等。

3)光功率计

光功率计是一种测量光功率的便捷仪表,通常为手持式。这里以常用的 MT-7601 型光功率计为例简要介绍其使用方法。其他厂家和型号的光功率计使用方法与之类似。

图 2.23 为 MT-7601 的实物。

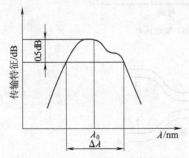

图 2.22　实际光滤波器的传输特性

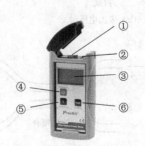

图 2.23　MT-7601 实物

①—光功率接口;②—充电插座;③—液晶显示窗口;④—开关键;

⑤—波长切换键/单位选择键;⑥—参考值设定键

按图中所示的"④开关键"就可以开启仪表,再次按下开关键 2 s 以上仪表关闭。该仪表具有自动关机功能,开机状态 10 min 没有任何操作,仪表将会自动关机。如果需要屏蔽此功能,开机时长按"开关键",屏幕右下方显示"PERM"则表示不自动关机。

开机状态下短按"开关键",可以控制背光,方便在夜间或光线较暗的场合使用仪表。

在工程实践中,经常需要测量不同波长的光信号。按图中所示的"⑤波长切换键",仪表将依次切换对应波长测量状态,并在屏幕上显示。MT-7601 型光功率计标定测量波长为 850 nm、1 300 nm、1 310 nm、1 490 nm、1 550 nm、1 625 nm。

波长切换键还可用于改变测量数据的显示单位。按住此键 2 s,仪表将轮换显示 dBm 值、mW/μW/nW 值。

MT-7601 光功率计的每个标定波长都可以设定参考值。参考值的设定一般用于测量实际线路之前,预先去除不计算在实际线路损耗中的衰减值,用于比对与设定标准功率的差异。图中"⑥参考值设定键"用来设定或查看参考值。短按此键,仪表显示"REF"和已经设定的 dBm 值;长按此键 2 s 以上,仪表会将当前的测量值覆盖原来的设定值,并作为新的参考值。同时,"REF"标识会在显示屏上闪烁三次,之后仪表将显示实际测量的相对差值(dB)。

典型工作任务 2 光纤的熔接

2.2.1 工作任务

通过学习,使用光纤熔接机完成光纤熔接的基本操作,要求熔接损耗和工艺符合相关规范。

2.2.2 相关配套知识

光纤的接续方法有很多,但通常都以熔接为主,《铁路通信设计规范》(TB 10006—2016)中规定"光纤的接续应采用熔接方式"。光纤熔接使用的仪器是光纤熔接机,如图 2.24 所示,常用的工具还有米勒钳、光纤切割刀等。这些工具通常由光纤熔接机的生产厂家与机器配套提供。下面结合各种工具的使用方法介绍光纤熔接的具体步骤。

1. 光纤端面的制备

光纤的端面处理(又称端面制备)是光纤接续中的一项关键工序。光纤端面处理包括去除套塑层、套光纤热缩器、去除涂覆层、清洗和切割(制备端面)。

1) 去除套塑层

松套光纤去除套塑层(也叫松套管、束管)的方法是采用专用切割钳,在距端头规定长度(视光缆接头盒的规

图 2.24 光纤熔接机

定)处截断松套管。施工过程中去除松套管时务必小心不能伤及光纤。

松套管去除后应及时清洁光纤。清洁光纤采用丙酮或酒精棉球将光纤上的油膏擦去,避免光纤沾上沙土。如果在光缆接续的过程中,由于受到外部环境影响或操作人员的疏忽,在擦去油膏之前光纤已沾上沙土,此时千万不可将整个束管内的光纤捏在一起去擦除油膏,应将光纤分开逐根轻轻擦除油膏。如清洗方法不当,油膏中的小沙砾会损伤光纤,而且这种损伤不易被发现,损伤部位受到空气中水分子的长期作用导致裂痕加深,造成光纤断裂,这是接头盒内

发生自然断纤的主要原因。

沾上沙土的光纤也可用如图 2.25 所示的方法擦除油膏和沙土:先在束管根部将光纤逐根分开(不需要全部分开),然后用酒精棉球或纱布轻轻捏住分开的部位,沿光纤轴向擦去油膏和沙土。注意第一遍一定要轻,擦完第一遍后更换酒精棉球后再擦。

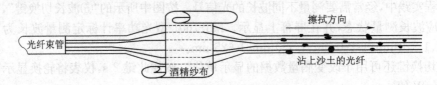

图 2.25　光纤的清洁方法

紧套管光纤去除套塑层,是用光纤涂覆层剥离钳按要求去除 4 cm 左右。操作方法如图 2.26 所示。

套塑层太紧的光纤,可分段剥除,并注意剥除后根部平整。应用如图 2.26 所示的涂覆层剥离钳轻轻剥除。剥除过程中应注意均匀用力,勿弯折光纤。

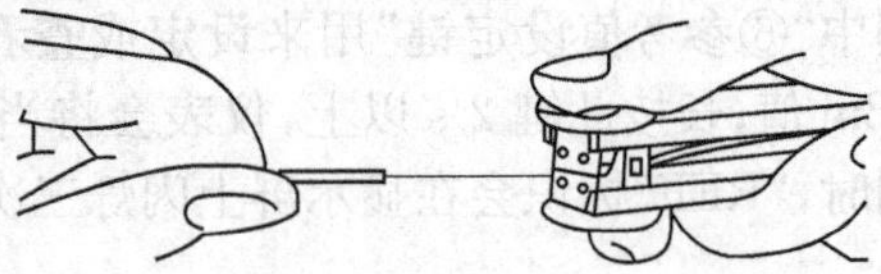

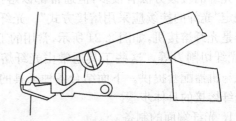

图 2.26　光纤套塑层剥离方法

2) 套光纤热缩管

将光纤穿过热缩管,如图 2.27 所示。此时用手指稍用力捏住加强芯一侧热缩管,可防止热缩管内易熔管和加强芯被拉出。

3) 去除光纤涂覆层

光纤涂覆层也叫一次涂层,去除紧套光纤和松套光纤涂覆层的方法相同,一般采用米勒钳去除,如图 2.28 所示。

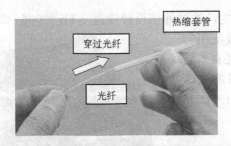

图 2.27　套光纤热缩管

图 2.28　去除光纤涂覆层

用米勒钳剥除光纤涂覆层,长为 30~40 mm,如图 2.29 所示。用另一块酒精棉球,清洁裸纤,注意不要损伤光纤。

剥除涂覆层时,要掌握平、稳、快三字剥纤法。"平",即手持纤要平放。左手拇指和食指捏紧光纤,使之成水平状,所露长度以 5 cm 左右,余纤在无名指、小拇指之间自然弯曲,以增加力度,防止打滑。"稳",即手握米勒钳要握得稳。"快"即剥纤要快,剥纤钳应与光纤垂直,上方略向内倾斜一定角度,然后用钳口轻轻卡住光纤,随之用力,顺光纤轴向平推出去,整个过程要自然流畅,一气呵成。

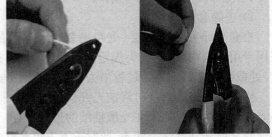

图 2.29　剥除涂覆层

4) 清洁裸光纤

观察光纤剥除部分的涂覆层是否全部剥除，若有残留，应重新剥除。如有极少量不易剥除的涂覆层，可用棉球蘸适量酒精，一边浸渍，一边逐步擦除。将棉花撕成层面平整的方形小块，沾少许酒精（以两手指相捏，无酒精溢出为宜），折成 V 形，夹住已剥离涂覆层的光纤，顺光纤轴向擦拭 3～4 次，直到发出"吱吱"声为止，如图 2.30 所示。一块棉花擦 2～3 根光纤后要及时更换，每次要使用棉花的不同部位和层面，提高利用率。

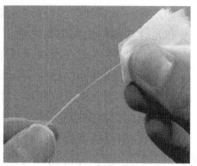

图 2.30　清洁裸光纤

5) 光纤端面切割

光纤端面的切割（制备）是一项关键工序，尤其是光纤熔接的最重要开端，它是低损耗连接的首要条件。

目前制备光纤端面采用的一般都是光纤切割刀，常用的切割刀有 CT30 型切割刀、FC-6S 光纤切割刀等，以机械式切割刀居多。

这里以常用的 CT-30 型光纤切割刀为例介绍其使用方法。

（1）轻轻压住切割刀压臂并滑开锁扣来使切割刀解锁，如图 2.31 所示。

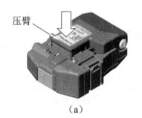
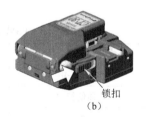

压臂

锁扣

（a）　　　　　（b）

图 2.31　解锁光纤切割刀

（2）推进切割刀下部的滑块直至它锁定。

（3）把已剥好的光纤放到切割刀的 V 形槽上，调整光纤切割长度。

$\phi 0.25$ mm 光纤切割长度为 8～16 mm，$\phi 0.9$ mm 光纤切割长度为 16 mm。当使用光纤夹具时应确保光纤外层护套不碰到橡胶垫，如图 2.32 所示。

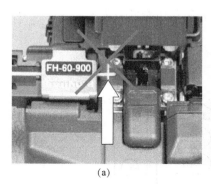
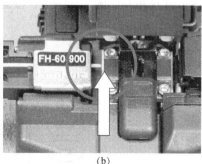

（a）　　　　　（b）

图 2.32　切割光纤

(4)压下压臂,即可完成光纤的切割。

(5)慢慢松开压臂,弹簧的弹力会使压臂回到初始位置。

(6)当压臂抬起时光纤碎屑收集器会转动并自动把光纤碎屑卷入残渣收集容器内。

在光纤切割的过程中要注意以下几点:

(1)不要把手指放在滑块区域附近以避免可能的人身伤害。

(2)在压下压臂的中途松开压臂可能会造成较差的切割质量。

(3)应经常清除残渣收集器内的光纤碎屑。

光纤端面切割完毕后,要立即放入光纤熔接机进行熔接,避免光纤端面与任何物体接触。《高速铁路通信工程施工技术规程》(Q/CR 9606—2015)中规定"端面制备时,其端面倾斜度小于 0.5°"。制备完的光纤可以放入光纤熔接机观察其端面倾斜度。

2. 光纤熔接机的使用方法

1)光纤熔接机的结构

生产制造光纤熔接机的厂家很多,但是各厂家生产的光纤熔接机无论从外观还是操作方面都比较类似。这里以常用的 FSM-60S 光纤熔接机为例,介绍光纤熔接机的使用方法。

图 2.33　FSM-60S 的整体结构

(1)FSM-60S 的整体结构

FSM-60S 的整体结构如图 2.33 所示,各部件的名称和功能见表 2.5。

表 2.5　FSM-60S 各部件的名称和功能

序号	名称	功　　　能
①	防风盖	保护熔接电极,保持熔接性能和内部部件的安全和稳定
②	通信接口	USB 接口,可以和上位机进行通信
③	供电单元	交流适配器或可拆卸电池,对熔接机供电
④	加热补强器	对光纤保护套管进行热缩操作
⑤	按键	控制接续、加热补强,进行各种功能的设定
⑥	显示屏	显示光纤的图像、图像处理结果和菜单画面

(2)各部分功能

①按键

FSM-60S 的键盘布局如图 2.34 所示,按键名称和功能见表 2.6。

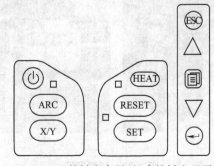

图 2.34　FSM-60S 的键盘布局(机身按键和显示屏按键)

表 2.6 FSM-60S 各按键的名称和功能

序号	按键图标	按键位置	按键名称	按键功能
1	⏻	机身	电源按键	按下按键直至绿色 LED 亮起,电源接通
2	ARC	机身	追加放电按键	按下按键能够追加放电,可以改善熔接损耗
3	X/Y	机身	换场按键	按下按键能够切换 X、Y 两场的显示
4	HEAT	机身	加热按键	按下按键启动加热补强器
5	RESET	机身	复位按键	按下按键马达自动回到初始位置
6	SET	机身	设置按键	按下按键取消或忽略当前错误信息,进入下一步骤
7	ESC	显示器	退出按键	按下按键退出当前操作
8	△	显示器	向上按键	按下按键光标上移一行
9	▣	显示器	菜单按键	按下按键打开熔接菜单
10	▽	显示器	向下按键	按下按键光标下移一行
11	↵	显示器	确认按键	按下按键进入菜单选项

②V 形槽周边

FSM-60S 的 V 形槽周边部件组成如图 2.35 所示,各部件的名称和功能见表 2.7。

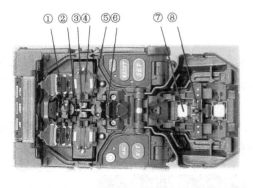

图 2.35 FSM-60S V 形槽周边各部件

表 2.7 FSM-60S V 形槽周边各部件的名称与功能

序号	名称	功能
①	电极罩	固定和保护电极
②	电极	高压放电的电极棒
③	V 形槽	固定光纤纤芯
④	光纤压板	固定光纤
⑤	物镜	显微镜,用来观察光纤
⑥	照明灯	点亮 V 形槽周围,方便观察光纤情况
⑦	防风罩镜	反射物镜照明的镜子
⑧	光纤压脚	固定光纤,适应光纤的应力弯曲

③加热补强器和防风盖周边

FSM-60S 的加热补强器和防风盖周边部件组成如图 2.36 所示,各部件的名称和功能见表 2.8。

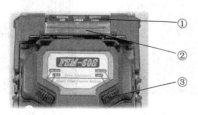

图 2.36 FSM-60S 加热补强器和防风盖周边各部件

表 2.8 FSM-60S 加热补强器和防风盖周边各部件的名称与功能

序号	名称	功 能
①	按键	HEAT、RESET、SET 三个按键和前面板上的按键功能完全相同
②	加热补强器	对熔接的光纤进行加热补强
③	光纤压脚释放杆	压脚释放杆操作到"UNLOCK"时,光纤压脚可以从防风罩上分离并能自由操作移动,当光纤因为记忆效应而弯曲时,操作者能够确保在防风罩合上之前光纤可以被很好地压V形槽底部

④通信和电源接口

FSM-60S 的通信和电源接口如图 2.37 所示,各部件的名称和功能见表 2.9。

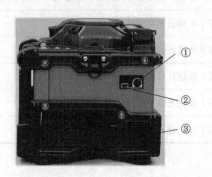

图 2.37 FSM-60S 通信和电源接口

表 2.9 FSM-60S 通信和电源接口的名称与功能

序号	名称	功 能
①	USB 通信接口	与上位机通信
②	HJS 电源	为加热剥纤钳供电
③	供电单元	可选电源适配器或电池

2) 光纤熔接机的基本操作

(1)开机和使用前的调整

按住⏻按键,直到绿色 LED 灯亮起,即可开机。开机之后所有马达都会复位到初始位置,随后显示待机画面如图 2.38 所示。熔接机能够自动识别电源模式,如果使用电池,剩余电量也会显示于画面上。

FSM-60S 的显示器角度可以调整,以便让画面观察更清晰,如需改变显示器亮度,按显示屏左侧的"方向"键可以改变亮度数值并按"确认"键确认,如图 2.39 所示。

图 2.38 待机界面

图 2.39 亮度调整界面

针对特定的光纤选择相对应的熔接模式,当前模式会显示在待机画面上。建议使用 AUTO 模式来熔接 SM、DS、NZDS 和 MM 光纤,放电校正会自动执行来调节熔接性能。针对所使用的热缩套管选择对应的加热模式,当前加热模式也会显示在待机画面上。

(2)放置光纤

放置光纤时,首先打开防风罩和护套压板,然后把制备好的端面光纤放置在 V 形槽内,并使光纤末端处于 V 形槽边缘和电极尖端之间,如图 2.40 所示。

如果光纤由于记忆效应而发生弯曲,放置光纤时应使弯曲部分向上。根据实际需要,可将"光纤压脚释放杆"搬动至"UNLOCK",并先将光纤压脚压好。光纤压脚安装于防风罩上,并且随着防风罩的关闭而压下。当操作"光纤压脚释放杆"至"UNLOCK"时,光纤压脚可以从防风罩上分离并能自由操作移动,这样当光纤因为记忆效应而弯曲时,

图 2.40　放置光纤

操作者能够确保在防风罩合上之前光纤可以被很好地压在 V 形槽底部,如图 2.41 所示。

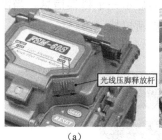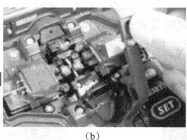

(a)　　　　　　　　　　(b)　　　　　　　　　　(c)

图 2.41　使用光纤压脚固定光纤

在放置过程中,要小心不要让制备好的光纤撞击到任何地方以保证光纤端面的质量。放置光纤后,合上压板以保证光纤不会移动,并确保光纤放置在 V 形槽的底部。如果光纤放置不符合要求,要重新放置。

按照上面的步骤放置另外一根光纤后,关闭防风罩,熔接机将会自动开始熔接。

如需要取消"自动开始"功能,可以修改熔接机"熔接菜单"里的"自动开始"选项。

(3)熔接操作

为了确保良好的熔接,FSM-60S 熔接机安装了一个图像处理系统来观察光纤,然而在某些情况下,图像处理系统可能并没有检测到某个熔接错误。所以,要取得良好的熔接结果也需要通过显示器来对光纤进行视觉检查,下面介绍标准的熔接步骤:

①光纤被放入熔接机后将做相向的运动,在清洁放电之后,光纤的运动会停止在一个特定的位置,然后熔接机将检查光纤的切割角度和端面质量,如图 2.42 所示。如果测量出来的切割角度大于设定的门限值或检查出光纤端面有毛刺,则蜂鸣器响同时显示器会显示一个错误信息来警告操作者;当没有

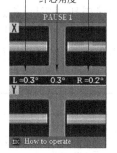

图 2.42　检查切割角度和
端面质量

错误信息显示时,显示的光纤端面状况也需要进一步检查。如果发现有类似图 2.43 的缺陷,应将光纤从熔接机上取下并重新制备端面。

在熔接的过程中,如果出现切割角度错误的报警,也可以强行按"SET"键忽略切割角度的错误信息而进入下一个步骤,但极有可能会出现熔接失败或熔接损耗过大的情况,因此需要慎重选择。

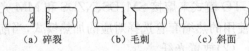

(a) 碎裂　　(b) 毛刺　　(c) 斜面

图 2.43　光纤端面缺陷

②光纤检查完毕后,熔接机会按照纤芯对纤芯或是包层对包层的方式来进行对准,同时显示包层的轴向偏移和纤芯的轴向偏移。

③光纤对准完成之后执行放电,熔接光纤。

④熔接完成之后将显示估算的熔接损耗,《铁路通信设计规范》(TB 10006—2016)中规定:"G.652 光纤接头接续衰减限值最大值不应大于 0.12 dB,平均值不应大于 0.06 dB;G.655 光纤接头接续衰减限值最大值不应大于 0.14 dB,平均值不应大于 0.08 dB。"影响熔接损耗的因素很多,这些因素在计算和估算熔接损耗时会被考虑进去。当检测切割角度或估算熔接损耗中的任何一个值超过它的设定门限值时,熔接机都会显示一个错误信息。如果熔接后的光纤被检查出有反常情况,例如"过粗""过细"或者"气泡",熔接机也会显示一个错误信息。当没有错误信息显示,但是通过显示器观察发现熔接效果很差时,应该重新熔接。

放电熔接和损耗估计的界面如图 2.44 所示。

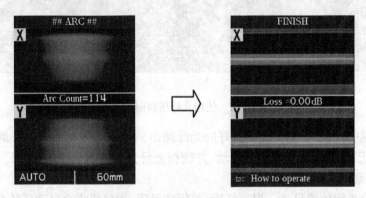

图 2.44　放电熔接和损耗估计

在一些情况下,追加放电可以改善熔接损耗。按熔接机上的"ARC"键来进行追加放电,此时熔接损耗会被重新估算,同时重新对光纤进行检查。不过在一些情况下,追加放电反而会增大熔接损耗,此时可把追加放电设置为"不可用",或者限制追加放电的次数。具体的参数可在熔接机的"熔接设置"选项中设置。

表 2.10 总结了熔接损耗增大的原因和解决方法。

表 2.10　熔接损耗增大的原因和解决方法

现象	原　因	解 决 方 法
纤芯轴向偏移 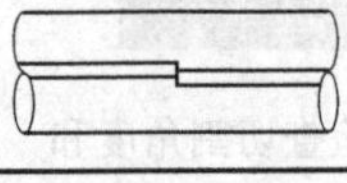	V 形槽或光纤压脚有灰尘	清洁 V 形槽或光纤压脚

续上表

现　象	原　因	解　决　方　法
纤芯角度错误	V 形槽或光纤压脚有灰尘	清洁 V 形槽或光纤压脚
	光纤端面质量差	检查光纤切割刀是否工作良好
纤芯台阶	V 形槽或光纤压脚有灰尘	清洁 V 形槽或光纤压脚
纤芯弯曲	光纤端面质量差	检查光纤切割刀是否工作良好
	预放电强度低或预放电时间短	增大"预放电强度"或/与"预放电时间"
模场直径失配	放电强度太低	增大"放电强度"或/与"放电时间"
灰尘燃烧	光纤端面质量差	检查光纤切割刀是否工作良好
	在清洁光纤或者清洁放电之后灰尘依然存在	彻底清洁光纤或增加"清洁放电时间"
气泡	光纤端面质量差	检查光纤切割刀是否工作良好
	预放电强度低或预放电时间短	增大"预放电强度"或/与"预放电时间"
光纤分离	光纤推进量太小	做"马达校正"试验
	预放电强度高或预放电时间长	减小"预放电强度"或/与"预放电时间"
过粗	光纤推进量太大	降低"重叠量"并做"马达校正"试验
过细	放电强度不合适	执行"放电校正"
	一些放电参数不合适	调整"预放电强度""预放电时间"或"重叠量"
线	一些放电参数不合适	调整"预放电强度""预放电时间"或"重叠量"

　　每次的熔接结果都会被保存在熔接机的内存中,在出现熔接完成的结束画面时,按"SET"键、"RESET"键或打开防风盖,熔接的结果就会自动保存。FSM-60S 熔接机可以保存 2 000 个熔接结果,第 2 001 个熔接结果会覆盖掉第 1 个熔接结果。

　　需要注意的是,每次使用光纤熔接机前,都需要进行放电试验,目的是根据接续环境使熔接机自动修正相关的参数(绝大部分熔接机都有这一功能),提高接续成功率。

（4）拉力测试和取出光纤

首先打开加热补强器的盖子,然后打开防风盖,此时如果熔接参数中的"拉力测试"选项为"开启"（默认选项）,则光纤熔接机自动进行拉力测试。在熔接完成后,按"SET"键也可以进行此项测试。

左手在防风盖的边缘持左侧光纤,用右手打开左侧压板或夹具盖板。再打开右侧压板或夹具盖板,右手持右侧光纤,把接好的光纤从熔接机上取下,将热缩套管移至光纤接续的中心位置。

（5）接续部位的加热补强

轻拉光纤的两端,把热缩套管放在加热器中央,如图 2.45 所示。注意不要把光纤拧转,也不要把光纤卷曲。放入光纤后,加热炉会自动关闭,加热自动开始。自动开始加热功能也可以在"加热菜单"的"自动开始"选项中取消,当"自动开始"被取消时,按"HEAT"键可以手动开始加热。

当加热炉盖打开时,不能进行加热。加热时,加热指示灯点亮,显示屏上显示加热标识。如果在加热过程中按动"HEAT"键,加热指示灯开始闪烁,如果再次按下"HEAT"键,加热进程将被停止。当加热完成后,熔接机有蜂鸣声音提示,加热指示灯熄灭。

图 2.45　接续部位的加热补强

打开加热炉盖取出已经加热好的热缩套管,如果热缩套管粘在了加热炉底板上,可以使用一根棉签来取出热缩套管。观察加热完的热缩套管,检查加热质量。要求被熔接光纤两端的涂覆层在热缩管中的长度不小于 6 mm,热缩管内部无气泡和灰尘,如图 2.46 所示。

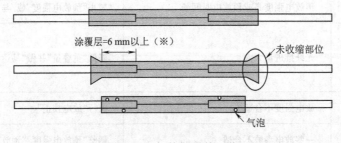

涂覆层=6 mm以上（※）

未收缩部位

气泡

图 2.46　加热补强的工艺

需要注意的是,加热补强结束后,热缩套管尚有较高温度,取出时小心烫伤。加热补强过程中绝对不能触摸加热器表面,以免烫伤。

3. 光纤熔接机的设置方法

光纤熔接机的设置通过各组菜单完成,下面分别介绍各组菜单的使用。

1）熔接菜单

（1）熔接模式

对于特定光纤组合的最佳熔接条件设定包含控制放电和加热的参数、估算熔接损耗的参数、控制光纤对准和熔接步骤的参数、发生错误时的阈值等熔接参数。换言之,合适的熔接参数取决于光纤的组合,并且不同光纤组合其熔接参数都各不相同。

　　针对目前主要的光纤组合,其最佳熔接参数都已经内置入熔接机,这些参数被存储在数据库中并可被应用到用户程序当中。在熔接特殊的光纤组合时,可以编辑这些熔接参数来获得较好的熔接效果。

　　熔接模式的各选项含义和特点见表 2.11。

表 2.11　熔接模式的各选项含义和特点

熔接模式	说　明
AUTO	这种熔接模式通过观察光纤纤芯轮廓来自动鉴别光纤的类型是 SM、MM 或者是 NZDS,然后为已辨别出类型的光纤选择一组熔接参数,接着自动熔接光纤,这在光纤类型不确定的情况下是非常便利的。被识别出的光纤的类型会显示在显示屏的左下角 　　在放电的同时,熔接机根据分析光纤包层的亮度会实时地校正对光纤放电的热量,然后调整当前的放电。这种熔接模式能够令操作者不再需要做放电校正实验 　　AUTO 模式的特点有以下几方面: 　　a. 能被识别的光纤种类有 SM、MM 和 NZDS 标准光纤。然而,一些有特殊纤芯轮廓的光纤可能不能被正确地识别,如果有这种情况出现,应该使用其他的熔接模式 　　b. NZDS 光纤是用标准的非零色散移光纤的模式熔接的,但是,为了获得最佳的熔接效果,建议为此特殊型号的光纤选择最为合适的熔接模式。这是因为 NZDS 光纤的性质会发生变化,同时最佳熔接参数也会根据两种类型的 NZDS 光纤而互不相同 　　c. 当使用 AUTO 模式时,有时 DS 光纤会被识别为 NZDS 光纤
SM	用于熔接标准单模光纤(ITU-T G.652) 模场直径(MFD):9～10 μm(1 310 nm 波长) 在这种熔接模式下不能启用自动放电校正功能
NZ	用于熔接非零色散位移光纤(ITU-T G.655) 模场直径(MFD):9～10 μm(1 550 nm 波长) 在这种熔接模式下不能启用自动放电校正功能
DS	用于熔接色散位移光纤(ITU-T G.653) 模场直径(MFD):7～9 μm(1 550 nm 波长附近) 在这种熔接模式下不能启用自动放电校正功能
MM FAST	用于熔接多模光纤(ITU-T G.651) 纤芯直径:50.0～62.5 μm 在这种熔接模式下不能启用自动放电校正功能 当在熔接多模光纤时,AUTO 模式会执行自动放电校正 使用这种模式时,即使切割刀或电极棒的情况不是很好,出现气泡的几率也会很小,但是熔接点处看起来会有一点粗。如果仍有气泡出现,可以使用 MM-MM 模式并增大[预放电时间]和[预放电强度]
SM AUTO	用于熔接标准单模光纤(ITU-T G.652) 模场直径(MFD):9～10 μm(1 310 nm 波长) 自动放电校正功能可以工作在这种熔接模式下
NZ AUTO	用于熔接非零色散位移光纤(ITU-T G.655) 模场直径(MFD):9～10 μm(1 550 nm 波长) 自动放电校正功能可以工作在这种熔接模式下
MM AUTO	用于熔接多模光纤(ITU-T G.651) 纤芯直径:50.0～62.5 μm 自动放电校正功能可以工作在这种熔接模式下

续上表

熔接模式	说　明
DS AUTO	用于熔接色散位移光纤(ITU-T G.653) 模场直径(MFD):7～9 μm(1 550 nm波长附近) 自动放电校正功能可以工作在这种熔接模式下
其他熔接模式	熔接机中还内置许多种其他熔接模式。选择"BLANK"熔接模式并按"Menu"键,然后按"ENTER"键,屏幕上会显示存储于数据库中的大约60种熔接模式供用户选择

对于一些希望能得到较稳定的熔接损耗(相对于快速熔接)的用户,可使用"AUTO"模式。对于一些并不清楚待熔接的光纤类型的用户,也可使用"AUTO"模式。

对于一些想要缩短熔接时间("AUTO"模式)的用户,如果知道待熔接光纤的类型,则依据光纤类型可使用"SM AUTO","MM AUTO"或"NZ AUTO"模式。这些独有的"AUTO"模式会跳过光纤类型识别步骤,整个熔接过程所需时间要短一些。

对于一些需要高效率地快速熔接单模光纤且需维持稳定熔接损耗的用户,可使用"SM FAST"模式。

对于一些需要熔接不常用的光纤的用户,可在"Other Mode"内选择最合适的熔接模式。"AUTO"模式并没有覆盖包含一些较少使用的光纤熔接参数。对于一些希望得到最小熔接损耗而无须考虑其他因素的用户,可使用"Other Mode"并针对特定光纤组合优化熔接条件及参数。

①选择熔接模式

根据当前待熔接的光纤类型选择一个合适的熔接模式,具体步骤如下:

a. 在"准备","暂停1","暂停2"或"结束"状态下按"Menu"键来打开"熔接菜单"。选择"选择熔接模式",则"选择熔接模式"菜单显示,如图2.47所示。

b. 按"Up/Down"方向键来移动光标,然后按"Enter"键来选择"熔接模式",如图2.47所示。

②创建和删除熔接模式

熔接机出厂时内部存有11个熔接模式,其余的均显示为"BLANK",选择一个"BLANK"熔接模式并按"Menu"键,屏幕上会显示存储于数据库中的大约60种熔接模式,选择一个熔接模式复制,按"Enter"键执行。可以按"Escape"键来核查特定熔接模式下的光纤的类型,如图2.48所示。

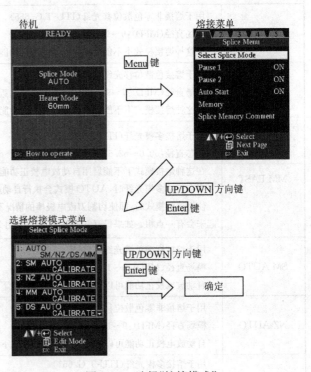

图2.47　选择"熔接模式"

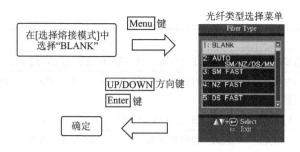

图 2.48　创建熔接模式

熔接模式可以被删除,首先选择一个特定的熔接模式并按"Menu"键进入[编辑熔接模式]菜单,按 Enter 键选择"光纤类型"。选择"1:BLANK"并按"Enter"键执行,如图 2.49。

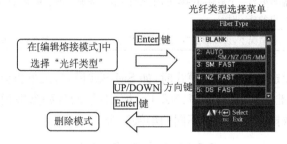

图 2.49　删除熔接模式

这里需要注意的是,模式 1 不能被删除。当删除一个熔接模式后,模式 1 会被自动选择。

③查看或编辑熔接模式

每个熔接模式中的参数都可以被调整,其中放电强度和放电时间是最重要的两个参数。编辑参数的步骤如下(图 2.50):

a. 在"选择熔接模式"菜单中,移动光标至将要修改的熔接模式下,按"Menu"键显示"编辑熔接模式"菜单。

b. 按"Up/Down"方向键移动光标到需要修改的参数上。

c. 按"Enter"键选择参数,按"Up/Down"方向键改变数值,按"Enter"键确定修改。

表 2.12 列出了 AUTO 模式的熔接参数。这里的 AUTO 模式包括"AUTO""SM AUTO""MM AUTO""NZ AUTO"和"DS AUTO"。下面列出的 AUTO、SM、DS、MM 和 NZ 模式的参数中只有一小部分能被显示,这样可以简化操作,其余的隐藏参数都已经在出厂时被设定为固定值。

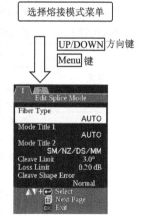

图 2.50　编辑熔接模式

表 2.12　AUTO 模式的熔接参数

熔接参数	说　明
光纤类型	熔接模式列表存储于数据库中,我们可以在数据库中选择一种熔接模式并复制到用户可调程序当中的熔接模式中去
模式标题 1	表示熔接模式的标题最多可以有 9 个字符

熔接参数	说　明
模式标题 2	熔接模式的详细表示最多可以有 15 个字符,标题 2 显示在"熔接模式选择"菜单中
切割限定	当左右光纤中的任何一根的端面切割角度超过设定的门限值(切割限定)时,屏幕上将显示一个错误信息
损耗限定	当估算的熔接损耗超过设定的门限值(损耗限定)时,屏幕上将显示一个错误信息
切割端面错误	当左右光纤中的任何一根的切割端面不符合设定的门限(切割端面)时,屏幕上将显示一个错误信息
放电强度	放电强度固定为标准。放电功率会自动调整与改变
放电时间	在 SM 和 DS 模式下,放电时间固定为 1 500 ms;NZ 模式下固定为 2 000 ms;MM 模式下固定为 3 000 ms;当选择"AUTO"模式时,熔接机会根据光纤类型自动设定放电时间
清洁放电	清洁放电是一个短时间的放电,用来清洁光纤表面的细小灰尘微粒,通过改变此参数能够设置清洁放电的持续时间
再放电时间	在一些情况下,可以通过"再放电"来改善熔接损耗,改变此参数能够设定追加放电的持续时间

当"光纤类型"被设定为其他熔接模式时,如 SM-SM 模式,菜单将会改变。

表 2.13 列出了标准模式(SM、MM、NZ、DS 模式)下的各种参数说明。用户可以从一系列的工厂设定模式中选择一个来用于不同的熔接组合。

表 2.13　标准模式熔接参数

熔接参数	说　明
光纤类型	熔接机中存储了一系列的熔接模式,当输入一个合适的熔接模式的时候,选定的存储在熔接机内部的模式将被复制到用户可调区域内选择的熔接模式中去
模式标题 1	表示熔接模式的标题最多可以有 7 个字符
模式标题 2	熔接模式的详细表示最多可以有 15 个字符,标题 2 显示在"熔接模式选择"菜单中
对准	设定光纤对准方式。 "纤芯":通过纤芯位置对准光纤。 "包层":通过包层的中心位置对准光纤。 "手动":手动对准光纤
聚焦-L 聚焦-R	观察光纤时调整焦点,当增大"Focus"值时,焦平面会靠近光纤纤芯。由于该数值很难达到最佳,一般建议将该功能设为"自动"。由于左右光纤分别聚焦,所以当熔接不同类型的光纤时也能达到最佳聚焦效果。 对于不能观察到纤芯的光纤(如 MM 光纤),可将该功能设置为"边缘",然后熔接机自动把"对准"和"估算模式"设定为"包层",并把"光纤偏芯补偿功能"和"放电强度自动调整"设定为"关"
ECF(光纤偏芯补偿功能)	使用 ECF 时需要设置轴向偏差率。当熔接模式中的放电时间为 5 s 或更长时,建议将"ECF"设为"关"。如果把"对准"设置为"边缘","包层"或者"手动",那么"ECF"会自动设为"关",此时"放电强度自动调整"也会自动设为"关"
放电强度自动调整	用于最佳化放电强度以适应纤芯偏差,这项功能只能和 ECF 共同使用。如果"ECF"被设置为"关",则"放电强度自动调整"也会自动变为"关"
拉力测试	如果"拉力测试"被设置为"开启",那么熔接完成后当防风罩被打开或者按"SET"键时,拉力测试会自动执行
切割限定	当左右光纤中的任何一根的端面切割角度超过设定的门限值(切割限定)时,屏幕上将显示一个错误信息

熔接参数	说　明
损耗限定	当估算的熔接损耗超过设定的门限值(损耗限定)时,屏幕上将显示一个错误信息
光纤角度限定	当两根已熔接光纤的弯曲角度超过设定的门限值(光纤角度限定)时,屏幕上将显示一个错误信息
切割端面错误	当左右光纤中的任何一根的切割端面不符合设定的门限(切割端面)时,屏幕上将显示一个错误信息
清洁放电	清洁放电是一个短时间的放电,用来清洁光纤表面的细小灰尘微粒,通过改变此参数能够设置清洁放电的持续时间
光纤端面间隔	设置在对准和预放电时左右两根光纤端面的间隔距离
设定端面	将熔接点的相对位置设置到两根电极的中央。不同类型的光纤有着不同的 MFD 值,可以通过把间距的位置移动到具有较大 MFD 值的光纤一方来减小熔接损耗
间隔位置	设置从放电开始到开始推进光纤这段时间内的预放电强度,如果"光纤预熔功率"太小,那么在光纤切割角度相对较差的情况下将会出现光纤的轴向偏移;而如果"光纤预熔功率"太大,那么光纤端面会过度熔化,这将导致不良的熔接损耗
光纤预熔功率	设置从放电开始到开始推进光纤期间的预放电时间,过长的"光纤预熔时间"与过大的"光纤预熔功率"一样都会导致相同的结果
光纤预熔时间	设置光纤推进的重叠量,当"光纤预熔功率"设置为较小的时候,建议把"重叠"设置为较小值,反之则应当设为较大值
重叠	熔接机放电可以分为两个阶段,其中放电 1 为第一个阶段。此处可以设置放电 1 的强度
放电 1 功率	设置放电 1 的时间。需要注意的是,如果放电 1 时间被设定为 1 s 或者更少,并且放电 2 被设定为"关",那么光纤在拉力测试的过程中可能会断掉
放电 1 时间	当左右光纤中的任何一根的端面切割角度超过设定的门限值(切割限定)时,屏幕上将显示一个错误信息
放电 2 功率	放电 2 是第二个放电阶段,此处可以设置放电 2 的强度
放电 2 时间	这里设置放电 2 的总时间,通常情况下此值设为"关",也可以设置一个很长的放电时间。当放电 1 和放电 2 的总放电时间超过 30 s 时,通常通过调整"放电 2 进行时间"和"放电 2 停止时间"来降低放电强度。连续的放电超过 30 s 时,如果不降低放电强度,则可能会损坏熔接机放电单元
放电 2 进行时间	在放电 2 进行当中,放电强度会因为放电 2 的开启和关闭而变化跳动,这里可以设置放电 2 开启的时间
放电 2 停止时间	在放电 2 中设置放电 2 的停止时间。当放电 2 间歇放电时,重放电也是间歇性的。如需连续的重放电,可将该参数设定为"关"
再放电时间	设置再放电时间。在其他熔接模式下,再放电强度会被自动地设定为与"放电 2 功率"相同的强度。随着放电 2 被设定为开启与关闭,再放电也会被自动地设定为开启与关闭
锥形熔接	在光纤的熔接过程中有时可以通过回拉光纤来使熔接点变细,以此来降低熔接损耗。这里可以设置锥形熔接为"开启",下面的 3 个参数将决定锥形熔接的形状
锥形熔接等待	设置从光纤推进结束到开始拉伸的时间,此时间为锥形熔接等待时间
锥形熔接速度	设置回拉光纤的速度
锥形熔接长度	设置回拉光纤的长度
衰减估算方式	选择熔接损耗估算模式:"关闭""包层""纤芯"或"高精度对芯"。当熔接的光纤为 MM 光纤时,应选择"包层"

续上表

熔接参数	说　明
MFD-左侧设定 MFD-右侧设定	设置左右光纤的 MFD,当熔接机进行熔接损耗估算的时候,会考虑到左右光纤的 MFD
最小损耗	这个数据会被添加到熔接损耗估算的最初计算中去。当熔接专用的或不同类型的光纤时,即使放电条件达到了最佳,也可能产生很高的实际熔接损耗。为了使实际熔接损耗与估算熔接损耗一致,设置实际损耗的最小值
纤芯阶梯 纤芯弯曲 MFD 配合不当	纤芯阶梯、纤芯弯曲与 MFD 配合不当会影响到熔接损耗的估算。如果衰减估算方式被设定为"关闭"或"包层",那么纤芯阶梯、纤芯弯曲与 MFD 配合不当将被自动设为"关闭"。如果特定光纤组合的估算损耗需要调整,则纤芯阶梯、纤芯弯曲与 MFD 配合不当就会被用到

④手动熔接模式

这种模式用于手动对准和熔接光纤。和标准自动熔接方式有所不同,手动熔接模式的步骤如下:

a. 按"SET"键驱动光纤推进,当光纤推进至端面间隔设定值时停止前进。

b. 选择一个马达,按"Up/Down"方向键驱动马达运转,所驱动马达的名称会显示在显示屏上,按"Enter"键选择马达的运转速度是"快"还是"慢"。

c. 按"Up/Down"方向键移动选定的马达,并驱动光纤前后移动。

d. 当手动对准完毕后,按"ARC"键放电并熔接光纤。

手动熔接模式显示界面如图 2.51 所示,当马达达到操作行程的极限时,蜂鸣器报警,马达停止。按反方向操作键使马达退回。

按"Menu"键可删除屏幕上显示的信息,再按一次"Menu"键又可以重新显示信息。

⑤ECF 熔接

当使用纤芯对准的方法对准偏芯光纤时,图 2.52 所示它们的外包层并不处于同一直线上,是错位的。然而,当放电电弧的热量熔化光纤表面的时候,光纤会产生表面张力并导致黏滞效应将光纤的包层对准,结果造成光纤的纤芯错位,从而产生很大的熔接损耗。

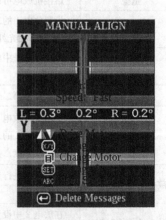

图 2.51　手动熔接模式显示界面

使用熔接机的 ECF(Eccentricity Correct Function)功能可以防止这样的事件发生。当使用 ECF 功能时,外包层因表面张力收缩偏移的数值被预先计算出来,随后这一数值被计算到光纤纤芯轴向偏移值当中去,最后在熔接机进行光纤纤芯对准时会将已计算出的纤芯轴向偏移值考虑进去。因此,尽管存在上述的黏滞效应,光纤仍然会被很好地进行纤芯对准熔接。虽然在熔接点处"纤芯阶梯"产生的影响会不可避免地存在,但是由此产生的损耗仍远小于因光纤纤芯轴向错位所产生的损耗。值得注意的是,长时间的放电会抵消 ECF 功能,因为表面张力将最终导致包层的对准。关闭 ECF 功能将会减小或消除纤芯阶梯,但是会加大纤芯的轴向错位。

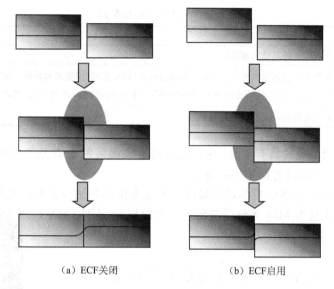

（a）ECF关闭　　　　　　　　（b）ECF启用

图 2.52　ECF 功能

⑥衰减熔接模式

衰减熔接模式就是制造一定的纤芯轴向偏移来形成熔接点的衰减,熔接机提供 AT1 和 AT2 两类衰减熔接模式。

在"光纤类型"中可以选择"AT1(SM)""AT1(DS)""AT2(SM)""AT2(DS)"或"AT2(MM)"熔接模式。衰减熔接模式显示界面如图 2.53 所示。

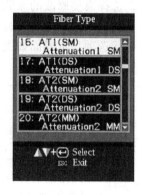

AT1 模式制造一个预制的纤芯轴向偏移,然后熔接光纤,并提供了一个估算熔接损耗,但是这只能作为参考。因为随着光纤的不同,有时估算的损耗可能是错误的,建议使用专门的测试仪表来测得正确的熔接损耗结果。AT1 模式熔接参数见表 2.14。

图 2.53　衰减熔接模式显示界面

表 2.14　AT1 模式熔接参数

熔接参数	说　　明
目标熔接损耗	设置所需要的熔接损耗
MFD	设置待熔接光纤的模场直径
系数	如果测得的实际熔接损耗与"目标熔接损耗"不相符,那么可以调整"系数",这往往要比调节"目标熔接损耗"或"MFD"准确和实用得多
其他参数	详见其他熔接模式的全部说明

AT2 模式允许用户设置一个初始纤芯偏移量和终止纤芯偏移量。当手动设置好"开始偏移"后开始熔接,再放电会自动进行到光纤纤芯轴向偏移量达到"停止偏移"所规定的数值,此模式下没有损耗估算功能。AT2 熔接参数见表 2.15。

表 2.15 AT2 模式熔接参数

熔接参数	说 明
开始偏移	熔接前设置纤芯轴向偏移量
停止偏移	再放电会一直持续到光纤纤芯轴向偏移量达到"停止偏移"所要求的数值。熔接时,轴向偏移量会渐渐减小,所以"停止偏移"总是小于"开始偏移"。"停止偏移"最大不能超过"开始偏移"的80%
其他参数	详见其他熔接模式的全部说明

AT2 模式比 AT1 模式具有更高的稳定性,但是也很可能会有意外发生。为了减少意外的发生,"切割限定"应该设置得越小越好。

用 AT1/AT2 模式熔接实现的熔接衰减值不如专用的测试仪表测得的损耗准确。

AT2(MM)模式是为 MM 光纤设置的衰减熔接模式,AT2(MM)模式采用的是包层对准的熔接方式。

图 2-54 熔接选项

(2)熔接选项

对于所有的熔接和加热模式下的共有参数都可以进行设置。

①在"准备""暂停 1""暂停 2"或"结束"状态下按"Menu"键来打开"熔接菜单"。

②选择需要修改的参数。

③按 Enter 键改变数值。

熔接选项显示界面如图 2.54 所示,参数设置见表 2.16。

表 2.16 设置参数

参数	说 明
暂停1	如果"暂停1"设置为"开"状态,熔接过程会在光纤推进到端面间隔设定值时暂停,同时可以看到屏幕上显示的光纤端面切割角度的数值
暂停2	如果"暂停2"设置为"开"状态,熔接过程会在光纤对准完毕后暂停,如果此时 ECF 为"开"状态,那么暂停2后会重新进行光纤的纤芯对准
自动开始	如果"自动开始"设置为"开"状态,熔接过程会在关闭防风罩的同时就自动开始,这就需要我们事先制备好光纤并放入熔接机

(3)熔接记录

FSM-60S 最多可以存储 2 000 个熔接结果,依照不同的熔接模式会有不同的数据存储量,其中"衰减熔接"没有熔接记录。

各种模式的显示界面分别如图 2.55 和图 2.56 所示。

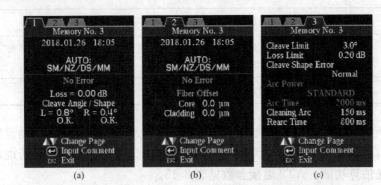

图 2.55 SM/NZ/DS/MM/AUTO 模式的熔接记录

图 2.56　其他模式的熔接记录

①查看熔接记录

存储在内存中的熔接记录可以被查看，还可以添加注释或进行编辑，记录的数据也可以通过 USB 端口下载。

查看熔接记录数据的流程如图 2.57 所示，步骤如下：

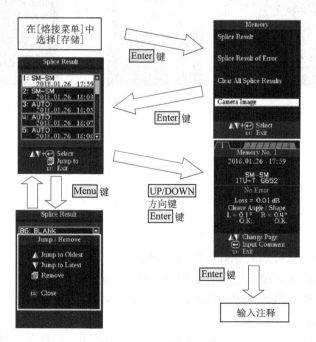

图 2.57　查看熔接记录

a. 选择"熔接菜单"中的"存储"。

b. 选择"熔接结果"并按"Enter"键来显示"熔接结果"菜单。

c. 移动光标至某一个记录号码并按"Menu"键,所选定的熔接结果会显示在屏幕上。也可以在[熔接结果]菜单中按"Menu"键显示"跳到/清除"画面,按"Up/Down"方向键选择以前的或最近的记录数据。

d. 屏幕上显示出选择的熔接结果,如需添加或修改注释,可以按"Enter"键来显示"输入注释"画面。

清除熔接记录数据流程如图2.58所示,步骤如下:

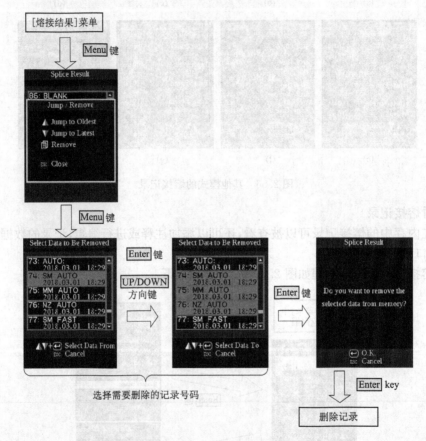

图 2.58　清除熔接记录

a. 在"熔接结果"菜单中按"Menu"键。

b. 在"跳到/清除"菜单中按"Menu"键。

c. 再一次按"Enter"键可以删除熔接记录。

d. 按"Enter"键来选择需要删除的以前的记录。

e. 按"Up/Down"方向键来选择需要删除的最近的记录。

f. 按"Enter"建确定删的记录范围,再次按"Enter"键来删除熔接记录。

②错误的熔接结果

有错误的熔接结果会从所有熔接记录中分类出来并显示,其查看与删除的方法与正常记录相同。

③清除所有熔接记录

使用该选项可以立即清除全部熔接记录,具体步骤如下(图 2.59):

a. 移动光标到存储菜单中的"清除全部记录"并按"Enter"键。

b. 按"Enter"键确认。

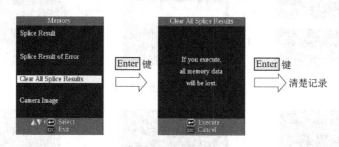

图 2.59 清除所有记录

④光纤影像

在熔接完成或发生错误后可以存储光纤影像,FSM-60S 熔接机一共能存 8 个影像。

在"熔接菜单"中选择"存储",之后选择"影像"并按"Enter"键显示"影像"菜单。移动光标至某一个存储编号来选择"无图像"并按"Enter"键,则当前光纤影像被存储,如图 2.60 所示。存储影像时,已存储的影像不能被覆盖,要先删除它才能存储新的影像。

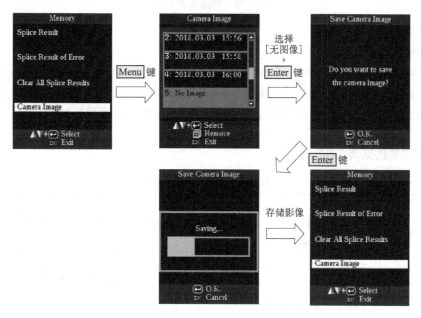

图 2.60 存储当前光纤影像

移动光标至某一个记录编号并按"Enter"键选择,则屏幕上显示对应的光纤影像,如图 2.61 所示。

需要删除影像时,在"影像"中选择需要删除的影像并按"Menu"键,屏幕会显示一个确认对话框,按"Enter"键确认,如图 2.62 所示。

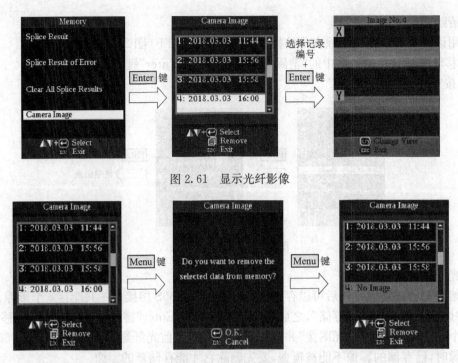

图 2.61　显示光纤影像

图 2.62　删除光纤影像

2)加热菜单

(1)加热模式

熔接机内共有 30 种用户可编程加热模式,加热前要根据所使用的热缩套管选择最合适的加热模式。针对每一种藤仓热缩套管都有一种最合适的加热模式,这些模式存储在数据库中,可以用做参考。用户可以选择适当的加热模式并复制到用户可编程区域内,然后对它们进行编辑。

加热模式参数见表 2.17。

表 2.17　加热模式参数

参数	说　明
热缩管类型	可设置热缩套管类型。屏幕上会列出所有的加热模式,在列表中选择一个模式,则此模式会被复制到用户可编程模式中去
模式标题 1	在熔接/加热过程当中,加热模式的标题会显示在显示屏的右下方,标题最多可以有 5 个字符
模式标题 2	此标题是在"热缩管类型"显示画面中对加热模式的说明,标题最多可以有 13 个字符
加热时间	设置从加热开始到完全冷却所用的时间。加热时间会根据当时的大气条件自动调整,例如:环境温度,所以实际加热时间可能会和预先设定的"加热时间"有所差异
加热温度	设置加热温度。注意,Ny 涂层光纤需要 8 mm 的切割长度,当加热温度超过 190 ℃时,此 Ny 涂层可能会融化
加热结束温度	设置加热结束温度。当加热炉内的温度接近此设定温度时,蜂鸣器响,表明热缩套管已经冷却,可以从加热炉中取出 如果"加热结束温度"被设置为高于 100 ℃时,蜂鸣器会在热缩管未完全冷却之前鸣响,一旦热缩套管被马上取出将很容易变形,并且在冷却下来后导致熔接点处有残留应力存在

（2）自动开始

在"加热菜单"中选择"自动开始"，之后按"Enter"键选择"开"或"关"。

如果"自动开始"被设定为"开"，当加热炉盖被关闭的同时加热会自动开始，所以应预先制备好光纤并套入热缩套管，而当"自动开始"被关闭时，需要按"HEAT"键来启动加热进程。

3）熔接菜单

（1）熔接设置

这里可以设置所有熔接模式的共有参数。

①在"准备"，"暂停 1"，"暂停 2"或"结束"状态下按"Menu"键，并再次按"Menu"键直到显示"设置菜单"。熔接设置菜单如图 2.63 所示。

②在"设置菜单"中选择"熔接设置"来显示"熔接设置"菜单。

③选择一个需要修改的参数。

④按"Enter"键修改参数或数值。熔接设置如图 2.64 所示。参数见表 2.18。

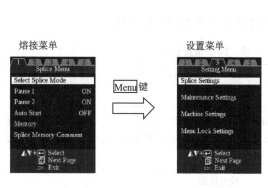

图 2.63　熔接设置菜单

图 2.64　熔接设置

表 2.18　熔接设置参数

参　　数	说　　明
忽略熔接错误	
损耗	如果设为"不可用"，那么熔接机就会忽略这些错误信息，完成操作过程
气泡	
粗	
细	
光纤角度	
切割	如果设为"不可用"，那么尽管在手动忽略"切割角度错误"的情况下，熔接机也不能执行强行熔接

续上表

参　数	说　明
光纤图像	
间隙设置	设置在熔接过程中显示屏上如何显示光纤图像。 X——放大显示 X 轴图像。 Y——放大显示 Y 轴图像。 X▲▼Y——上下同时显示 X 轴与 Y 轴图像。 DATA——显示光纤切割角度和偏移数值
暂停1	
对芯	
暂停2	
放电	
估算	
完成	
其　他	
光纤自动推进	如果"光纤自动推进"设定为"开",那么当防风罩关闭时,熔接机马达会自动将光纤推进至间隙设置值
再次放电的次数	有时再放电可以改善熔接损耗,但在某些情况下也会增大损耗。应当注意的是,再放电会降低熔接点强度。使用"再次放电的次数"功能就可以限制再放电次数或禁用再放电

（2）维护设置

维护设置中可以设置警告和维护选项的相关参数,见表 2.19。

表 2.19　维护设置参数

参　数	说　明
电极	
需要更换电极通知	当熔接机放电次数超过 2 500 次时,打开熔接机电源后显示屏上会显示需要更换电极的通知信息;当放电次数超过 3 500 次时,通知信息将变为警告信息。此处可以设置显示需要更换电极通知与警告信息的放电次数
需要更换电极警告	
放电校正	
切割角度限定	可在"放电校正"中设置切割角度错误的门限值
最大试验次数	设置完成"放电校正"试验的最大次数
维护日期	
上次维护	可以分别设置熔接机上次维护日期和计划下次维护日期,这些信息将显示在"维护信息"中
下次维护	

（3）机器设置

机器设置选项是用来调整熔接机的基本属性,在"设置菜单"中选择"机器设置",并选择需要修改的参数。机器设置参数见表 2.20。

表 2.20　机器设置参数

参　数	说　明
语言	选择需要显示的语言。显示语言可以通过软件版本和地区代码来改变
蜂鸣器音量	设置熔接机蜂鸣器音量

续上表

参 数	说 明
显示器位置	设置熔接机的操作方向。可以设置从前方或后方来操作熔接机与观察显示器,另外如设为"自动"则显示器方向会根据翻转角度自动变化
密码设置	改变密码来进入"熔接设置""维护设置""机器设置"和"菜单锁定设置"菜单。最多可以设置 7 个字符。 熔接机出厂时初始密码为"0"。如果忘记了密码,可联系熔接机代理商解决

①改变操作方向

熔接机出厂时显示器的设置方向为"向前",也可以将它设置为"向后",同时护套压板的开启方向也可以根据操作方向而改变。当"显示器位置"被改变时,方向操作键的上下光标将随之颠倒。

当改变显示器角度时,如果此时"显示器位置"被设为"自动",则显示画面的方向会自动改变。

改变护套压板的开启方向,只需要用一把十字螺丝刀拧下螺丝,拆下两个护套压板。将左右两个护套压板互换并分别装上,拧上螺丝即可。

②省电功能

这项功能对电池的使用周期十分重要,如果在使用电池时没有设置这项功能则可能会减少熔接机熔接和加热的次数。由于熔接机能自动识别供电电源类型并开启省电功能,故使用这项功能后熔接机可以在长时间不操作时自动关闭以节省电量。

在"设置菜单"中选择"机器设置"并显示"关机时间"设置菜单,然后改变"显示器"的关闭时间和"熔接机"的关闭时间。

省电功能参数见表 2.21。

表 2.21 省电功能参数

参 数	说 明
显示器	开启这项功能后,如果熔接机在一段时间内没有操作则会自动关闭显示器以节省电量,建议当使用电池时为显示器自动关闭功能设置一个关闭时间。当显示器关闭后,"ON/OFF"键旁边的 LED 灯随即闪烁,这时按任意键可重新恢复显示器操作
熔接机	开启这项功能后,如果熔接机在一段时间内不操作就会自动关闭,防止使用电池时电量的大量流失

4. 光纤熔接机的放电试验

放电试验也称为"放电校正",是光纤熔接机克服环境影响的重要自校正手段。

在熔接的过程中,大气环境(诸如温度、湿度、气压等)总是在不断变化,这使得熔接机电极放电的温度也在不断变化。FSM-60S 内部配有温度和气压传感器,能够把外界环境的参数反馈给控制系统来调整放电强度维持在一个平稳的状态。但是,由于电极的磨损和光纤碎屑黏接而造成的放电强度的变化就无法自动修正,而且放电中心位置有时会向左或向右移动。在这种情况下,光纤熔接位置相对于放电中心会有所偏移,此时需要执行一次放电校正来解决这些问题。

在 AUTO 模式下放电校正会自动执行,所以在这种模式下不必再进行放电校正。执行放电校正会改变放电强度的参数值,这个数值在所有的熔接程序中都要用到,但不能改变当前熔接模式下的放电强度数值。

放电试验的操作步骤如下:

(1)在光纤熔接机的维护菜单 2 中选择"放电校正",打开放电校正的画面,如图 2.65 所示。

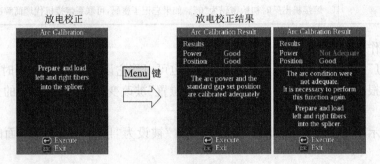

图 2.65 放电校正界面

(2)制备光纤端面并放入熔接机。需要注意的是,进行放电校正时,必须使用标准的 SM、DS 或 MM 光纤做放电校正。同时,必须保证光纤的清洁,如果光纤表面有灰尘会影响到校正结果。

(3)按下"Enter"按键,此后熔接机会执行以下步骤:

①计算放电中心

在推进光纤之前,先进行放电来检测放电中心并调整光纤端面间隔位置。

②清洁放电

左右两根光纤同时推进,熔接机进行清洁放电。

③端面间隔设置

左右两根光纤再向前推进至端面间隔位置处停止。

④放电

熔接机在两根光纤不互相接触的情况下放电,光纤端面由于放电产生的热量而熔化并缩短导致间隔变大。

⑤测量结果

熔接机放电后,通过图像处理系统来测量两根光纤的熔化缩短量。

放电结束后,如果显示屏上显示"Good",说明放电强度和熔接位置的校正已经成功完成,按"ESC"键退出;如果显示"Not Adequate"说明校正结果与上一次的校正结果相差太远,建议做进一步的校正。按"Enter"键再次执行放电校正,按"ESC"键直接退出。

实际上,放电校正应该多次进行,直到出现"试验结束"的提示信息才算成功结束。但是如果在多次重复试验后仍未出现此提示信息,则可以认为放电校正已接近完成。FSM-60S 还支持试验次数的设定,这样"试验结束"的信息会在试验达到设定的次数时显示。

典型工作任务 3　光缆的基本知识

2.3.1　工作任务

通过学习,弄清光缆的概念、结构等问题,学会判别光缆端别。

2.3.2　相关配套知识

1. 光缆的结构

光纤虽然具有一定的抗拉强度,但是经不起实用场合的弯曲、扭曲和侧压力的作用。因此,必须借用传统的绞合、套塑、金属带铠装等成缆工艺,并在缆芯中放置强度元件材料,制成不同环境下使用的多品种光缆,使之能适应工程要求的敷设条件,承受实用条件下的抗拉、抗冲击、抗弯、抗扭曲等机械性能,以保证光纤原有的传输性能不变。

通信光缆的结构是依据其传输用途、运行环境、敷设方式等诸多因素决定的。按照使用场合的不同通常分为室外光缆和室内光缆两大类。下面以室外光缆为例介绍光缆的结构。

室外光缆通常由缆芯、加强元件、填充物和外护层等构成。

缆芯一般是指带有涂覆层的单根或多根光纤合在一起再套上一层塑料管,并与不同形式的加强件和填充物组合在一起。

加强元件用于提高光缆施工的抗拉能力。在光缆中加一根或多根加强元件位于中心或分散四周,位于光缆中心的,称为中心加强;位于缆芯绕包一周的,称为铠装式加强。加强元件一般采用镀锌钢丝、多股钢丝绳、带有紧套聚乙烯垫层的镀锌钢丝、纺纶丝和玻璃增强塑料等。

光缆护层是由内护层和外护层构成的多层组合体。内护层一般用聚乙烯(PE)和聚氯乙烯(PVC)等;外护层可根据敷设而定,可采用铝带和聚乙烯组成的 LAP 外护套加钢铠装等,起到增强光缆抗拉、抗压、抗弯曲等机械保护性能的作用。

在光缆缆芯的空隙中注满填充物(如石油膏),石油膏是光纤防淹的最后防线,它可有效地阻止潮气及水的渗入和扩散,以延缓潮气及水对光纤传输性能的影响,同时还能减少光纤的相互摩擦。

目前,常用的光缆结构有层绞式、骨架式、中心管式、带状式、单芯式等,下面分别做简单的介绍。

1)层绞式光缆

层绞式光缆的端面和实物如图 2.66 和图 2.67 所示。层绞式光缆的结构是:多根二次被覆光纤松套管(或部分填充绳)绕中心金属加强件绞合成圆形的缆芯,缆芯外先纵包复合铝带并加上聚乙烯内护套,再纵包阻水带和双面覆膜皱纹钢(铝)带,最后加上一层聚乙烯外护层。

层绞式光缆的结构特点是光缆中容纳的光纤数量多,光纤余长易控制,光缆的机械、环境性能好,适宜于直埋、管道敷设,也可用于架空敷设。

2)骨架式光缆

目前,骨架式光缆在国内仅限于干式光纤带光缆,即将光纤带以矩阵形式置于 U 形螺旋骨架槽或 SZ 螺旋骨架槽中,阻水带以绕包方式缠绕在骨架上,使骨架与阻水带形成一个封闭的腔体。当阻水带遇水后,吸水膨胀产生一种阻水凝胶屏障。阻水带外再纵包双面覆塑钢带,钢带外加上聚乙烯外护层。

图 2.66　层绞式光缆的端面结构

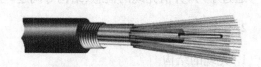

图 2.67　层绞式光缆的实物

骨架式光缆的结构和外观分别如图 2.68 和图 2.69 所示。

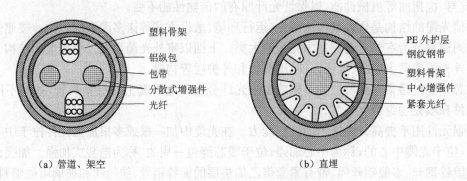

（a）管道、架空　　　　　　　　　　　　（b）直埋

图 2.68　骨架式光缆的结构

骨架式光纤带光缆具有结构紧凑、缆径小、纤芯密度大（上千芯至数千芯）、接续时无须清除阻水油膏、接续效率高的优点，而其缺点是制造设备复杂（需要专用的骨架生产线）、工艺环节多、生产技术难度大等。

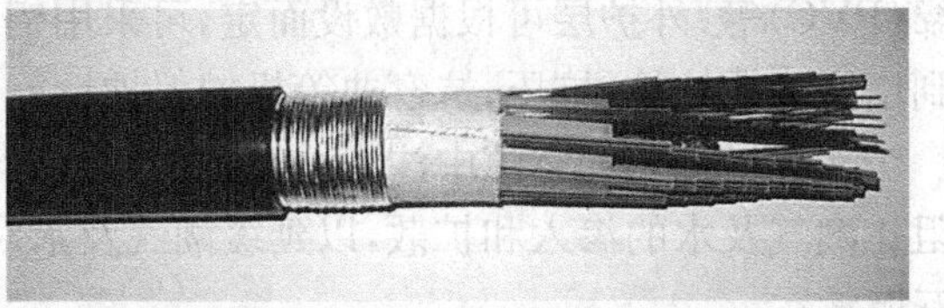

图 2.69　骨架式光缆的外观

3）中心管式光缆

中心管式光缆如图 2.70 和图 2.71 所示，其结构是一根二次光纤松套管或螺旋形光纤松套管，无绞合直接放在光缆的中心位置，纵包阻水带和双面涂塑钢（铝）带，两根平行加强圆磷化碳钢丝或玻璃钢圆棒位于聚乙烯护层中。按松套管中放入的是分离光纤、光纤束还是光纤带，中心管式光缆分为分离光纤的中心管式光缆或光纤带中心管式光缆等。

中心管式光缆的优点是结构简单、制造工艺简捷、截面小、重量轻，很适宜架空敷设，也可用于管道或直埋敷设。中心管式光缆的缺点是缆中光纤芯数不宜过多（如分离光纤为 12 芯、光纤束为 36 芯、光纤带为 216 芯），松套管挤塑工艺中松套管冷却不够，成品光缆中松套管会出现后缩，光缆中光纤余长不易控制等。

4）带状式光缆

把带状光纤单元放入大套管中，形成中心管式结构，如图 2.72 所示；也可把带状光纤单元放入凹槽内或松套管内，形成骨架式或层绞式结构，如图 2.73 所示。

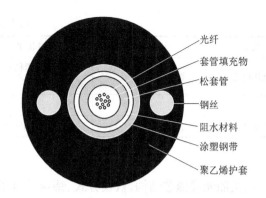

图 2.70　中心管式光缆的端面结构

图 2.71　中心管式光缆的实物

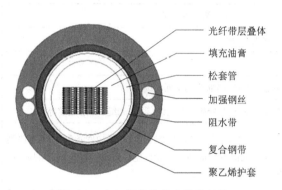

图 2.72　中心管式带状光缆的结构

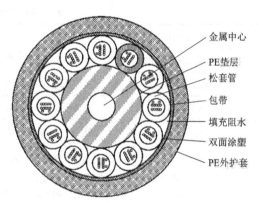

图 2.73　层绞式带状光缆的结构

5)单芯式光缆

单芯结构光缆简称单芯软光缆,如图 2.74 所示。这种结构的光缆主要用于局内(或站内)或用来制作仪表测试软线和特殊通信场所用特种光缆及制作单芯软光缆的光纤。

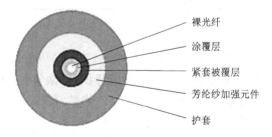

图 2.74　单芯结构光缆的结构

各种结构的光缆特点对比见表 2.22。

表 2.22　各种结构的光缆特点对比

结构名称	层绞式	骨架式	中心管式	带状式
容纳光纤数	单元式:100 以上	大于 10 为宜	单层:12 单元式:多纤	多达 1 000

续上表

结构名称	层绞式	骨架式	中心管式	带状式
传输性能	适中	性能极其稳定	微弯损耗小	为了使性能稳定,对护层有要求
加强件	要	要	要	要
使用场所	长途干线,局间中继线	长途干线,用户线	长途干线,用户线	长途干线,用户线

2. 光缆种类

光缆的种类很多,其分类的方法更多,一般按照光缆缆芯结构、敷设方式、特殊适用环境等划分,其种类和作用见表2.23。

表 2.23　光缆的种类和作用

分类方法	光　缆　种　类
传输性能、距离和用途	市话光缆、长途光缆、海底光缆、用户光缆
光纤的种类	多模光缆、单模光缆
光纤套塑方法	紧套光缆、松套光缆、束管式光缆、带状多芯单元光缆
光纤芯数	单芯光缆、双芯光缆、4 芯光缆、6 芯光缆、8 芯光缆、12 芯光缆、24 芯光缆等
加强件配置方法	中心加强构件光缆(如层绞式光缆、骨架式光缆等)、分散加强构件光缆(如束管两侧加强光缆和扁平光缆)、护层加强构件光缆(如束管钢丝铠装光缆)和 PE 外护层加一定数量的细钢丝的 PE 细钢丝综合外护层光缆
敷设方式	管道光缆、直埋光缆、架空光缆、水底光缆
护层材料性质	聚乙烯护层普通光缆、聚氯乙烯护层阻燃光缆、尼龙防蚁防鼠光缆
传输导体、介质状况	无金属光缆、普通光缆、综合光缆
结构方式	扁平结构光缆、层绞式结构光缆、骨架式结构光缆、铠装结构光缆(包括单、双层铠装)、高密度用户光缆等

3. 光缆型号与规格

光缆种类较多,具体型号与规格也非常多。根据《YD/T 908—2011 光缆型号命名方法》的规定,光缆型号由型式代号、规格代号和特殊性能标识(可缺省)三大部分组成。型式代号、规格代号和特殊性能标识(可缺省)之间应空一个格。当然,随着光缆技术的进步和生产的标准化,目前的光缆型号已经做了大量的简化,不再要求表示那么多的信息了。这里只介绍型式代号和规格代号的意义。

1)型式

型式由五个部分组成,各部分均用代号表示,如图 2.75 所示。

(1)分类的代号及含义

光缆分类代码及意义见表2.24。

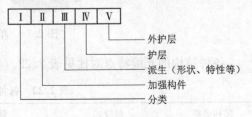

图 2.75　光缆型式代号

表 2.24　光缆分类代码及意义

代码	意　义	代码	意　义
GY	通信用室(野)外光缆	GJX	通信用室内蝶形引入光缆
GYW	通信用微型室外光缆	GJY	通信用室内外光缆
GYC	通信用气吹布放微型室外光缆	GJYX	通信用室内外蝶形引入光缆
GYL	通信用室外路面微槽敷设光缆	GH	通信用海底光缆
GYP	通信用室外防鼠啮排水管道光缆	GM	通信用移动式光缆
GJ	通信用室(局)内光缆	GS	通信用设备光缆
GJC	通信用气吹布放微型室内光缆	GT	通信用特殊光缆

（2）加强构件的代号及含义

加强构件指护套以内或嵌入护套中用于增强光缆抗拉力的构件。加强构件的代号及含义为：（无符号）——金属加强构件；F——非金属加强构件。

（3）缆芯和光缆的派生结构特征的代号及含义

光缆结构特征应表示出缆芯的主要结构类型和光缆的派生结构。当光缆型式有几个结构特征需要表明时，可用组合代号表示，具体的结构类型代号见表 2.25。

表 2.25　光缆结构特征代号及含义

结构	无符号含义	符号含义
缆芯光纤结构	分立式光纤结构	D——光纤带结构
二次被覆结构	光纤松套被覆结构或无被覆结构	J——光纤紧套被覆结构 S——光纤束结构
松套管材料	塑料松套管或无松套管	M——金属松套管
缆芯结构	层绞结构	G——骨架槽结构 X——中心管结构
阻水结构特征	全干式或半干式	T——填充式
承载结构	非自承式结构	C——自承式结构
吊线材料	金属加强吊线或无吊线	F——非金属加强吊线
截面形状	圆形	8——"8"字形状 B——扁平形状 E——椭圆形状

（4）护套的代号及含义

护套的代号表示护套的材料和结构。当护套有几个特征需要表明时，可用组合代号表示，具体的护套代号见表 2.26。

表 2.26 光缆结构特征代号及含义

代号	无符号含义	符 号 含 义
阻燃代号	非阻燃材料护套	Z——阻燃材料护套
材料和结构代号	—	Y——聚乙烯护套 V——聚氯乙烯护套* U——聚氨酯护套* H——低烟无卤护套* A——铝—聚乙烯粘接护套(简称 A 护套) S——钢—聚乙烯粘接护套(简称 S 护套) F——非金属纤维增强-聚乙烯粘接护套(简称 F 护套) W——夹带钢丝的钢-聚乙烯粘接护套(简称 W 护套) L——铝护套 G——钢护套

*注:V、U、H 护套具有阻燃特性,不必在前面加 Z。

(5)外护层的代号及含义

当有外护层时,它可包括垫层、铠装层和外被层,其代号用两组数字表示(垫层不需表示),第一组表示铠装层,它可以是一位或两位数字;第二组表示外被层,它应是一位数字。

铠装层的代号及含义见表 2.27。

表 2.27 铠装层的代号及含义

代号	含 义	代号	含 义
0 或(无符号)a	无铠装层	4	单粗圆钢丝b
1	铜管	44	双粗圆钢丝b
2	绕包双钢带	5	皱纹钢带
3	单细圆钢丝b	6	非金属丝
33	双细圆钢丝b	7	非金属带

注:a. 当光缆有外被层时,用代号"0"表示"无铠装层";光缆无外被层时,用代号"(无符号)"表示"无铠装层"。

b. 细圆钢丝的直径< 3.0 mm;粗圆钢丝的直径≥3.0 mm。

外被层的代号及含义见表 2.28。

表 2.28 外被层的代号及含义

代号	含 义	代号	含 义
(无符号)	无外被层	4	聚乙烯套加覆尼龙套
1	纤维外被	5	聚乙烯保护管
2	聚氯乙烯套	6	阻燃聚乙烯套
3	聚乙烯套	7	尼龙套加覆聚乙烯套

2)规格

光缆的规格由五部分 7 项内容组成,如图 2.76 所示。

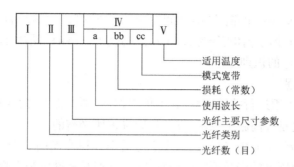

图 2.76　光缆规格代号

Ⅰ:光纤数目,用1、2等表示光缆内光纤的实际数目。

Ⅱ:光纤类别的代号,其意义见表2.29。

表 2.29　光纤类别代号

代号	含　义	代号	含　义
J	二氧化硅系多模渐变型光纤	D	二氧化硅系单模光纤
T	二氧化硅系多模突变型光纤	X	二氧化硅纤芯塑料包层光纤
Z	二氧化硅系多模准突变型光纤	S	塑料光纤

Ⅲ:光纤主要尺寸参数。用阿拉伯数(含小数点数)及以 μm 为单位,表示多模光纤的芯径及包层直径和单模光纤的模场直径及包层直径。

Ⅳ:带宽、损耗、波长。表示光纤传输特性的代号,由 a、bb 及 cc 这 3 组数字代号构成。其中 a 表示使用波长的代号,其数字代号规定:1 为波长在 0.85 μm 区域;2 为波长在 1.31 μm 区域;3 为波长在 1.55 μm 区域。

注意,同一光缆适用于两种及以上波长,并具有不同传输特性时,应同时列出各波长上的规格代号,并用"/"划开。

bb 表示损耗常数的代号。两位数字依次为光缆中光纤损耗常数值(dB/km)的个位和十位数字。

cc 表示模式带宽的代号。两位数字依次为光缆中光纤模式带宽分类数值(MHz·km)的千位和百位数字。单模光纤无此项。

Ⅴ:适用温度代号。A 适用于−40 ℃～+40 ℃;B 适用于−30 ℃～+50 ℃;C 适用于−20 ℃～+60 ℃;D 适用于−5 ℃～+60 ℃。

光缆中还附加金属导线(对、组)编号,如图2.77所示,其符合有关电缆标准中导电线芯规格构成的规定。

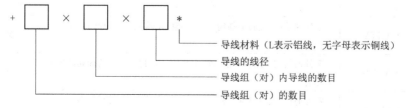

图 2.77　光缆附加金属导线编号

例如,2 个线径为 0.5 mm 的铜导线单线可写成 2×1×0.5;4 个线径为 0.9 mm 的铝导线四线组可写成 4×4×0.9L;4 个内导体直径为 2.6 mm,外径为 9.5 mm 的同轴对,可写成 4×2.6/9.5。

4. 光缆端别与纤序的识别

1)光缆端别的识别

要正确地对光缆工程进行接续、测量和维护工作,必须首先掌握光缆的端别判别和缆内光纤纤序的排列方法,这是提高施工效率、方便日后维护所必需的。

光缆中的光纤单元、单元内光纤,均采用全色谱来标识光缆的端别与光纤序号,其色谱排列和所加标志色,各个国家的产品不完全一致,在各国产品标准中都有规定。目前国产光缆已完全能满足工程需要,所以在这里只对目前使用最多的全色谱光缆进行介绍。

光缆的端别判断和电缆有些类似。

(1)对于新光缆:光缆外护套上的长度数字小的一端为 A 端,另外一端即为 B 端。

(2)对于旧光缆:因为是旧光缆,此时红绿点及长度数字均有可能看不到了(施工过程中被磨掉了),其判断方法是:面对光缆端面,若同一层中的松套管颜色按蓝、橙、绿、棕、灰、白顺时针排列,则为光缆的 A 端,反之则为 B 端。

2)通信光缆中的纤序排定

光缆中的单元松套管光纤色谱分为两种:一种是 6 芯的,一种是 12 芯的。前者的色谱排列顺序为蓝、橙、绿、棕、灰、白,后者的色谱排列顺序为蓝、橙、绿、棕、灰、白、红、黑、黄、紫、粉红、天蓝。

若为 6 芯单元松套管,则蓝色松套管中的蓝、橙、绿、棕、灰、白 6 根光纤对应 1~6 号光纤;紧扣蓝色松套管的橙色松套管中的蓝、橙、绿、棕、灰、白 6 根光纤对应 7~12 号光纤……依此类推,直至排完所有松套管中的光纤为止。

若为 12 芯单元松套管,则蓝色松套管中的蓝、橙、绿、棕、灰、白、红、黑、黄、紫、粉红、天蓝 12 根光纤对应 1~12 号光纤;紧扣蓝色松套管的橙色松套管中的蓝、橙、绿、棕、灰、白、红、黑、黄、紫、粉红、天蓝 12 根光纤对应 12~24 号光纤……依此类推,直至排完所有松套管中的光纤为止。

从这个过程中可以看到,光缆、电缆的色谱走向统一,均采用构成全色谱全塑电缆芯线绝缘层色谱的 10 种颜色:白、红、黑、黄、紫、蓝、橙、绿、棕、灰,但有一点不同,那就是在全色谱全塑电缆中,颜色的最小循环周期是 5 种(组),如白/蓝、白/橙、白/绿、白/棕、白/灰,而在光缆里面是 6 种——蓝、橙、绿、棕、灰、白,它的每根松套管里的光纤数量也是 6 根,而不是 5 根,这一点是要特别注意的。

5. 常用光缆介绍

这里按照《光缆型号命名方法》(YD/T908—2011)规定的光缆型号,将国内光缆线路工程中一些常用的光缆类型、敷设方法和用途列入表 2.30。

表 2.30 常用光缆类型和用途

习惯叫法	主要类型	全 称	敷设方式及用途
中心管式光缆	GYXTY	室外通信用、金属加强构件、中心管、全填充、夹带加强件聚乙烯护套光缆	架空、农话
	GYXTS	室外通信用、金属加强构件、中心管、全填充、钢聚乙烯黏结护套光缆	架空、农话
	GYXTW	室外通信用、金属加强构件、中心管、全填充、夹带平行钢丝的钢聚乙烯黏结护套光缆	架空、管道、农话

续上表

习惯叫法	主要类型	全　　称	敷设方式及用途
层绞式光缆	GYTA	室外通信用、金属加强构件、松套层绞、全填充、铝聚乙烯黏结护套光缆	架空、管道
	GYTS	室外通信用、金属加强构件、松套层绞、全填充、钢聚乙烯黏结护套光缆	架空、管道、也可直埋
	GYTA53	室外通信用、金属加强构件、松套层绞、全填充、铝聚乙烯黏结护套、皱纹钢带铠装聚乙烯外护层光缆	直埋
	GYTY53	室外通信用、金属加强构件、松套层绞、全填充、聚乙烯护套、皱纹钢带铠装聚乙烯外护层光缆	直埋
	GYTA33	室外通信用、金属加强构件、松套层绞、全填充、铝聚乙烯黏结护套、单细钢丝铠装聚乙烯外护层光缆	爬坡直埋
层绞式光缆	GYTY53+33	室外通信用、金属加强构件、松套层绞、全填充、聚乙烯护套、皱纹钢铠装聚乙烯套+单细钢丝铠装聚乙烯外护层光缆	直埋、水底
	GYTY53+33	室外通信用、金属加强构件、松套层绞、全填充、聚乙烯护套、皱纹钢带铠装聚乙烯套+双细钢丝铠装聚乙烯外护层光缆	直埋、水底
光纤带光缆	GYDXTW	室外通信用、金属加强构件、光纤带中心管、全填充、夹带平行钢丝的钢—聚乙烯黏结护层光缆	架空、管道、接入网
	GYDTY	室外通信用、金属加强构件、光纤带、松套层绞、全填充聚乙烯护层光缆	架空、管道、接入网
	GYDTY53	室外通信用、金属加强构件、光纤带松套层绞、全填充、聚乙烯护套、皱纹钢带铠装聚乙烯外护层光缆	直埋、接入网
	GYDGTZY	室外通信用、非金属加强构件、光纤带、骨架、全填充、钢阻燃聚烯烃黏结护层光缆	架空、管道、接入网
非金属光缆	GYFTY	室外通信用、非金属加强构件、松套层绞、全填充、聚乙烯护套光缆	架空、高压电感应区域
	GYFTY05	室外通信用、非金属加强构件、松套层绞、全填充、聚乙烯护套、无铠装、聚乙烯保护层光缆	架空、槽道、高压感应区
	GYFTY03	室外通信用、非金属加强构件、松套层绞、全填充、无铠装、聚乙烯套光缆	架空、槽道、高压感应区
	GYFTCY	室外通信用、非金属加强构件、松套层绞、全填充、自承式聚乙烯护层光缆	自承悬挂于高压电塔上

典型工作任务 4　光缆的接续和成端

2.4.1　工作任务

通过学习,使用光缆相关工具完成光缆接续、成端的基本操作,要求接续和成端的工艺符合相关规定。

2.4.2　相关配套知识

1. 光缆接续

虽然目前光缆接头盒和光缆的程式比较多,不同接头盒所需的连接材料、工具及接续的方法和步骤是不完全相同的,但其主要的程序及操作的基本要求是一致的。光缆接续的程序如图 2.78 所示。

图 2.78　光缆接续的程序

光缆接续设备及仪器主要包括光缆外护套开剥刀、套束管剥除钳、扳手、螺丝刀、卷尺、米勒钳、光纤切割刀、光纤熔接机、热缩套管、两段光缆、光缆接头盒、酒精、脱脂棉等。

1)光缆接续的要求

(1)光缆接续前,应核对光缆的程式、端别无误;光缆应保持良好状态。光纤传输特性良好,铜导线直流参数符合规定值,护层对地绝缘合格。

(2)接头盒内光纤及铜导线的序号应做出永久性标记。当两个方向的光缆从接头盒同一侧进入时,应对光缆端别做出统一永久标记。

(3)光缆接续的方法和工序标准,应符合施工规程和不同接头盒的工艺要求。

(4)光缆接续,应创造较良好的工作环境,一般应在车辆或接头帐篷内作业,以防止灰尘影响;在雨雪天施工应避免露天作业;当环境温度低于零度时,应采取升温措施,以确保光纤的柔软性、熔接设备正常工作及施工人员的正常操作。

(5)光缆接头余留和接头盒内的余留应留足,光缆余留一般不少于 4 m,接头盒内光纤最终余留长度应不少于 60 cm。

(6)光缆接续注意连续作业,对于当日无条件结束的光缆接头,应采取措施,防止受潮和确保安全。

(7)光缆接头的连接损耗,应低于内控指标,每条光纤通道的平均连接损耗,应达到设计文件的规定值。

2)光缆接续的特点

光缆接续同电缆的接续有不少相似之处,但由于光缆内光纤与金属导线有较大的区别,因此,在连接方式、施工技术等方面又有一定的区别,光缆接续具有如下几个特点:

(1)全程接头数量少。由于光缆平均盘长约 2 km,长距离中继段盘长 3~4 km,因此全程总的接头数量减少了,不仅节省了工程费用,而且提高了系统的可靠性。

(2)接续技术要求高。由于光纤的特性,要求连接部分必须具有长期保护光缆中光纤及接头的性能,避免受到振动、压缩、弯曲等机械外力和潮湿气体、有害气体的影响。因此,对光缆接头要求结构优良,操作严谨。

(3)接头盒内必须有余留长度。光缆不仅在接头处作光缆余留,而光纤由于接续、维护的需要在接头盒内必须有符合规定的(一般在 60 cm 以上)的光纤余留。光缆内若有铜导线,在接头套管内铜导线作直接头。

3) 光缆接续的步骤

光缆接续对光缆的传输质量和使用寿命都有直接的联系,它是光缆施工中的一个非常重要的部分。光缆接续中光纤的熔接技术已在前面作了较为具体的介绍,这里主要介绍光缆接头的接续步骤。

(1)准备工作

技术准备:在光缆接续工作开始前,必须熟悉工程所用光缆护套开剥处理方法和光缆护套的性能、操作方法和质量要点。

器具准备:主要包括接头用的器材(接头盒)准备、仪表机具(熔接机、OTDR、开剥工具、封装工具等)准备、车辆准备和防护器具(遮阳伞、帐篷等)的准备。

光缆准备:必须按设计要求的光缆进行敷设安装,光缆的各项性能必须达到标准要求。在接续前要进行测试(包括光、电气特性的测试),出现问题及时处理。

接续位置的确定:光缆接续位置的选择,在光缆接续要求中作了原则要求,即直埋光缆的接头应避开水源、障碍物及坚石地段;管道光缆接头应避开交通要道,尤其是交通繁忙的路口。虽然这些原则在光缆的配盘和光缆敷设时已基本确定,但在光缆接续前还要作必要的调整和确定具体的接续位置。

(2)光缆护层的开剥处理

光缆外护层、金属层的开剥尺寸、光纤预留尺寸按不同结构的光缆接头护套所需长度在光缆上做好标记,然后用专用工具逐层开剥,松套光纤一般暂不剥去松套管以防操作过程中损伤光纤。开剥外护套尺寸如图 2.79 所示。开剥光缆接头护套所需长度一般接头为 1.2 m,光缆纵剖为 2 m,光缆成端按具体成端设备而定。

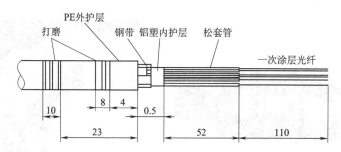

图 2.79　开剥外护套尺寸(单位:cm)

光缆护层开剥后,缆内的油膏可用酒精或专用清洗剂擦干净,正式接头不宜用汽油清洁以避免对护层、光纤被覆层的老化影响。

具体的操作步骤如下:

①按接头需要长度开剥光缆护层,将护层开剥刀放入光缆开剥位置,调整好光缆护层开剥刀刀片进深,沿光缆横向绕动护层套开剥刀(图 2.80),将光缆护层割伤后拿下护层开剥刀,轻折光缆,使护层完全断裂,然后拉出光缆护层。开剥时不许损伤松套管及光纤,切口平整无毛刺。沿开缆处剪断光纤的尼龙扎带和塑料填充芯。

图 2.80　开剥外护套

②打开光缆缆芯,将加强芯固定在接头盒的加强芯固定座上。加强芯用紧固件牢连接牢固后折弯,用专用的断线钳预留约 2 cm 余长后剪断加强芯,如图 2.81 所示。

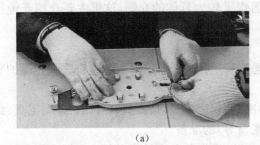

(a)　　　　　　　　　　　　　　(b)

图 2.81　固定加强芯

③将接头盒进缆孔处的光缆外护层用细砂纸打毛,并绕包密封胶带(一般为 5 cm 左右,如果接头盒带密封圈则可以不用胶带),并旋紧压缆卡,以固定光缆,光缆护套切口应与压缆卡内侧相距 0.6~1.0 cm,如图 2.82 所示。

④松套管留长 8 cm 左右(视接头盒而定),选用束管钳适合的刀口,将松套管放入该刀口,夹紧束管钳将松套管切断并拉出,如图 2.83 所示。一次去除长度,一般不超过 30 cm,当需要去除长度长时,可分段去除。去除时应操作得当,避免损伤光纤。

⑤松套管套软塑管进行保护,如图 2.84 所示,长度视接头盒而定。保护套管上标明松套管管序,用扎带按松套管序号固定在集纤盘上。用清洁剂或酒精纸(棉球)擦去裸纤上的油膏,不得断纤,如图 2.84 所示。

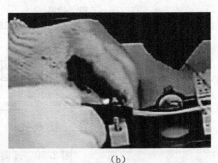

(a)　　　　　　　　　　　　　　(b)

图 2.82　固定光缆

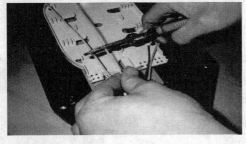

图 2.83　开剥松套管　　　　　　　　图 2.84　保护套管

⑥将去除松套管并擦拭干净的光纤在集纤盘中进行预盘,去掉多余的光纤。

（3）光纤熔接

详细步骤见光纤的熔接。

（4）光纤接头损耗测试

使用 OTDR 仪测试光纤接头的损耗值和衰减系数。对于单模，要求光纤接头损耗小于 0.04 dB，在 1 310 nm 处衰减系数小于 0.4 dB/km，在 1 550 nm 处衰减系数小于 0.3 dB/km；对于多模光纤，要求接头损耗小于 0.02 dB，在 850 nm 处衰减系数小于 3.4 dB/km，在 1 310 nm 处衰减系数小于 1.0 dB/km；零色散位移光纤要求接头损耗小于 0.06 dB。

（5）盘纤

光缆接头须余留有一定长度的光纤，一般光缆接头盒内的光纤余留最短长度为 60 cm，一般为 80～100 cm。

光纤的余长通常有以下两个作用：

一是再连接的需要。在施工中可能发生光纤接头的重新连接，维护中当发生故障时拆开光缆接头护套，利用原有的余纤重新接续，以便在较短的时间内，排除故障，保证通信畅通。

二是传输性能的需要。光纤在接头内盘留，对弯曲半径，放置位置都有严格的要求，过小的曲率半径和光纤受挤压，都将产生附加损耗。因此，必须保证光纤有一定的长度才能按规定要求妥善地放置于光纤余留盘内。即使遇到压力时，由于余纤具有缓冲作用，避免了光纤损耗增加或长期受力产生疲劳及可能外力产生损伤。

无论何种方式的光缆接头盒、接头盒，一个共同的特点是具有光纤余留长度的收容位置，如盘纤盒、余纤板、收容仓等。根据不同结构的护套设计不同的盘纤方式。虽然光纤收容方式较多，但一般可归纳为如图 2.85 所示的几种收容方式。

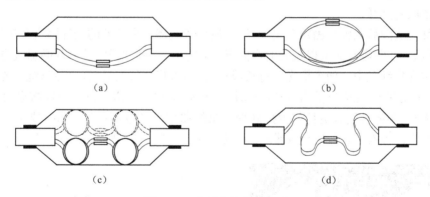

（a）　　　　　　　　　　　　　（b）

（c）　　　　　　　　　　　　　（d）

图 2.85　光纤余长收容方式

①近似直接法。如图 2.85（a）所示，是在接头护套内不作盘留的近似直接法。显然这种方式不适合于室外光缆的余留放置要求。采用这种方式的场合较少，一般是在无振动、无温度变化的位置，应用在室内不再进行重新连接的场所。

②平板式盘绕法。如图 2.85（b）所示的收容方式，是使用最为广泛的收容方式，如盘纤盒、余纤板等多数属于这一方法。在收容平面上以最大的弯曲半径，采用单一圆圈或"∞"双圈盘绕方法。这种方法盘绕较方便，但对于在同一板上余留多根光纤时，容易混乱，解决的方法是，采用单元式立体分置方式，即根据光缆中光纤数量，设计多块盘纤板（盒），采取层叠式放置。

③绕筒式收容法。如图 2.85（c）所示，是光纤余留长度沿绕纤骨架放置的。将光纤分组

盘绕,接头安排在绕纤骨架的四周;铜导线接头等可放于骨架中。这种方式比较适合紧套光纤使用。

④存储袋筒形卷绕法。如图 2.85(d)所示方式,是采用一只塑料薄膜存储袋,光纤盛入袋后沿绕纤筒垂直方向盘绕并用透明胶纸固定,然后按同样方法盘留其他光纤。这种方式彼此不交叉、不混纤、查找修理方便,比较适合紧套光纤。

这里,按照图 2.85(b)所示方法介绍盘纤的具体操作步骤:

①固定热缩套管

光纤熔接后,经检测接续损耗达到要求,并完成接头保护后,分别将热缩管固定在集纤盘同侧热缩管固定槽中,要求按照光纤的色谱顺序整齐且每个热缩管中的加强芯均朝上,如图 2.86 所示。

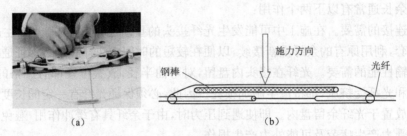

图 2.86　固定热缩套管

按光缆接头盒结构所规定的方式进行光纤余长的盘绕处理。光纤在盘绕过程中,应使光纤曲率半径尽可能大,并放置整齐。

②盘留收容余纤

将余纤绕成圈后用胶带固定在集纤盘中,然后依次将其余几处的余纤固定在集纤盘中,如图 2.87 所示。在收容平面上以最大的弯曲半径,采用单一圆圈或"∞"字双圈盘绕方法。依次将余纤固定在集纤盘中。如个别光纤过长或过短时,可将其放在最后,单独盘绕。光纤盘好后应平顺,无扭绞现象,无明显受力点和碰伤隐患,胶带不超过 2 道。盘纤时应按余纤的长度和预留空间大小,顺势自然盘绕且勿生拉硬拽。余纤曲率半径应不小于 3 cm,要尽可能最大限度利用预留空间和有效降低因盘纤带来的附加损耗。在盘纤过程中,不得断纤。

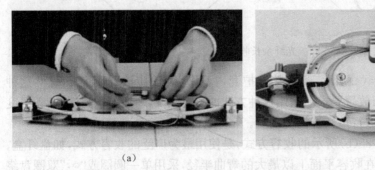
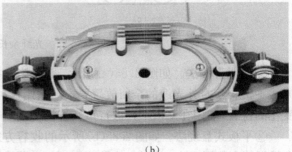

图 2.87　盘留光纤余长

盘纤是一门技术,也是一门艺术。科学的盘纤方法,可使光纤布局合理、附加损耗小、经得住时间和恶劣环境的考验,并且可避免挤压造成的断纤现象。通常盘纤有以下三种方法:

第一种方法是"先中间后两边",即先将热缩后的套管逐个放置于固定槽中,然后处理两侧余纤,也就是之前介绍的方法。

第二种方法是"从一侧到另一侧",即从一侧的光纤盘起,固定热缩管,然后处理另一侧余纤。

第三种方法是根据实际情况,采用多种图形盘纤,按余纤的长度和预留空间大小,灵活地采用圆、椭圆等多种图形盘纤,最大限度利用预留盘空间。

(6)接头盒的密封和固定

①密封接头盒

不同结构的光缆接头盒的密封方式不同,具体操作应按接头盒封装标准中规定的方法严格执行。如果光缆接头盒本身不带有密封圈,则在合上光缆接头盒前,应在接头盒接合处垫上密封胶带。对于光缆密封部分应做清洁和打磨处理,以提高光缆与放水密封材料间密封性能的可靠性。

首先在封合前对接头盒内部进行清洁,在接头盒接合处敷上接头盒配带的密封胶条。然后在接头盒入缆口加自黏胶带,放时不能拉伸胶带,空槽口安装堵头。最后扣上上盖板,将螺丝、垫圈安装紧密牢固,螺丝钉按对角关系顺序分两次上紧。封合后接头盒应无缝隙,紧固件无松动。

②固定接头盒

将光缆接头盒两端光缆余留每端 6～10 m,将余留光缆盘绕整齐,然后按要求将光缆接头盒及余留光缆固定在光缆支架上,保持光缆接头盒两端引出的光缆平直,并做出光缆接头标记。

4)光缆接续注意事项

光缆接续中应注意以下几个问题:

(1)光缆开剥时注意进刀深度

光缆外护套开剥的关键是掌握好护套切割刀的进刀深度,否则很容易发生断纤。在实际操作中,应边旋转护套切割刀,同时注意观察切口处,若能看见白色的聚酯带,则应停止进刀,取下切割刀。这个步骤是个熟练的过程,必须进行多次练习才能掌握进刀深度。

(2)光缆的固定与纤芯束管的开剥

光缆开剥后,将光缆固定在光缆接头盒内,开剥纤芯束管,做好光纤熔接前的各项准备工作。此时应注意如下事项:

①纤芯束管不能扭绞。在固定光缆之前,必须注意纤芯束管所处位置,加强件穿过固定螺丝时,加强件的下面必须是填充束管,不能是纤芯束管,纤芯束管必须处于加强件进入光纤收容盘的同侧,不能在加强件上扭绞。加强件如果压在纤芯束管上,纤芯束管受力变形会造成损耗过大,在纤芯束管中的光纤也会因长期受力发生断裂,给工程留下隐患。

②加强件的长度要合适。纤芯束管的位置确定好后就可以固定光缆了。光缆的固定必须使光纤在接头盒里的位置不会产生松动,避免因光缆位置的移动而导致光纤损耗增大或断纤问题。光缆的固定分为加强件的固定和光缆其余部分的固定。加强件的固定要注意其长度:太长,在接头盒内放不下;太短,其到固定光缆的作用。一般在剪断加强件时,应使固定光缆的夹板与固定加强件螺丝之间的距离与所留长度相当。光缆其余部分的固定则是在加强件固定好以后,用螺丝拧紧夹板,将其紧紧地固定在接头盒的光缆进口处。

③纤芯束管的开剥长度要合适。光缆固定好后,就可以开剥纤芯束管了。开剥长度过长,抵到光纤热缩管放置槽,在盘纤时就会损伤余纤;开剥长度过短,纤芯束管固定时,固定卡子就会卡在光纤上,容易损伤光纤。因此,一般将它开剥到过了两个固定卡口为宜,在这个长度纤芯束管不会造成光纤受力损伤,也能很好地固定。但固定时卡子不能卡得过紧,否则纤芯束管的光纤会因受力增加损耗,时间长了光纤就会断裂,给工程留下隐患。

(3)光纤的熔接

光纤的接续直接关系到工程的质量和寿命,其关键在于光纤端面的制备。光纤端面平滑、没有毛刺或缺陷,熔接机能够很好地接受确认,并能做出满足工程要求的接头,如果光纤端面不合格,熔接机则拒绝工作或接出的接头损耗很大,不符合工程要求。在制作光纤端面过程中,首先在剥出光纤涂覆层时,剥线钳要与光纤轴线垂直,确保剥线钳不刮伤光纤;在切割光纤时,要严格按照规程来操作,使用端面切割刀要做到切割长度准、动作快、用力巧,确保光纤是被崩断的,而不是压断的;在取光纤的时候,要确保光纤不碰到任何物体,避免端面碰伤,这样做出来的端面才是平滑的、合格的。熔接机是光纤熔接的关键设备,也是一种精密程度很高且价格昂贵的设备。在使用过程中必须严格按照规程来操作,否则可能造成重大损失。特别需要注意的是熔接机的操作程序,热缩管的长度设置应和要求相符。

(4)余纤的保护

光纤熔接好后,既要对光纤进行热缩管保护,还要对余纤进行盘留。

光纤在盘纤过程中,盘纤弯曲半径不能太小,一般不能小于 4 mm。弯曲半径太小,容易造成折射损耗过大和色散增大。时间长了,也可能出现断纤现象。

在盘纤时,注意光纤的扭曲方向,一般是倒"8"字形,注意不要扭断光纤,盘完后将光纤全部放入收容盘的挡板下面,避免封装时损伤光纤。

(5)接头盒的密封

在实际工程中光缆接头盒的密封很重要。因为接头盒进水后光纤表面很容易产生微裂痕,时间长了光纤就会断裂,而且接头盒又是以直埋方式在地下的居多,所以必须做好接头盒的密封。接头盒的密封,主要是光缆与接头盒、接头盒上下盖板之间这两部分的密封。在进行光缆与接头盒的密封时,要先进行密封处的光缆护套的打磨工作,用砂布在外护套上垂直光缆轴向打磨,以使光缆和密封胶带结合得更紧密,密封得更好。接头盒上下盖板之间的密封,主要是注意密封胶带要均匀地防止在接头盒的密封槽内,将螺丝拧紧,不留缝隙。光缆接头盒如图 2.88 所示。

(a) 卧式接头盒

(b) 帽式接头盒

图 2.88　光缆接头盒

2. 光缆成端

光缆线路到局站后需与光端机或中继器相连,这种连接称为光缆成端。也就是外线光缆进入到机房需要与其他设备连接时,将光缆中的光纤芯线和尾纤在特定设备中进行熔接并封合安装的过程。

1)光缆成端方式

光缆的成端方式一般有 ODF 架成端和终端盒成端两种。

(1)ODF 架成端

ODF 架用于光纤通信系统中局端主干光缆的成端和分配,可以方便地实现光纤线路的连接、分配和调度,它作为进局光缆与局内光设备接口设备,将进局光缆线路的光纤与带连接器的尾纤在单元盒集纤盘内做固定连接,尾纤另一端通过适配器连接跳纤,进而连接至设备。ODF 架外观如图 2.89 所示。

干线光缆或较大的机房通常采用 ODF 架成端这种方式,将光缆固定在 ODF 机架上(包括外护套和加强芯),将光纤与预置在 ODF 机架上的尾纤相连,这种方式适合大芯数的光缆成端,整齐、美观。

图 2.89　ODF 架外观

(2)终端盒成端

部分边远机房或者接入网点没有 ODF 架,可采用终端盒成端的方式。将光缆固定在终端盒上,与接头盒安装一样,把光缆中的光纤同尾纤没有连接器的一端相熔接,把余纤收容在终端盒的收容盘里,终端盒外留一定长度的尾纤,以便与其他设备相连接。这种方式的特点是比较灵活机动。终端盒可以固定在墙上、走线架上等相对安全的地方,经济实用。终端盒的外观如图 2.90 所示。

2)技术要求

(1)光缆进入机房前应该余留足够的长度,一般不少于 12 m。

(2)采用终端盒方式成端时,终端盒应该固定在安全、稳定的地方。

图 2.90　终端盒外观

(3)成端接续要进行监测,接续损耗要在规定范围内。

(4)采用 ODF 架成端时,光缆的金属护套、加强芯等金属构件要安装牢固,光缆的所有金属构件要做终结处理,并与机房保护地线连接。

(5)从终端盒或 ODF 架内引出的尾纤要插入机架的法兰盘内,空余备用尾纤的连接器要盖上保护帽防尘。

(6)光缆成端后必须对尾纤进行编号,同一中继段两端机房的编号必须一致。无论施工还是维护,光纤编号不要经常更改。尾纤编号和光缆色谱对照表应贴在 ODF 架的柜门或面板内侧。

3)成端操作方法和步骤

ODF 架成端的步骤如下:

(1)将光缆从箱体的下方光缆入口引入箱体。

(2)开剥光缆,开剥长度为开剥处到所端接集纤盘长度加集纤盘内光纤余留长度。加强芯预留 4 cm。开剥光缆如图 2.91 所示。

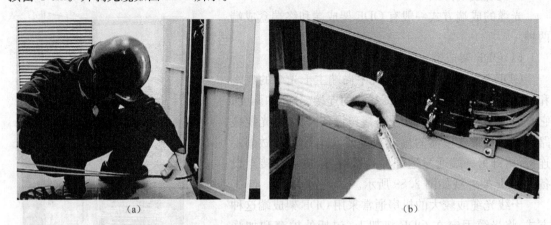

（a）　　　　　　　　　　　（b）

图 2.91　开剥光缆

(3)用束管钳去除光缆松套管(应余留 4 cm 左右松套管),将光纤清理干净,套上塑料保护套管,保护套管长为从光缆端面到配线区集纤盘的长度(根据实际路由确定管长)。光纤束难以穿入塑料保护套管时,应尽可能将保护套管拉直,减小套管对光纤的阻力。也可将光纤用黏性较好的胶带黏于小钢丝上,借小钢丝的拉力将光纤穿入套管,如图 2.92 所示。

图 2.92　去除松套管后穿入保护管

(4)保护管与光缆开剥接口处用绝缘胶带缠紧(加强芯一并缠入),如图 2.93 所示。

(5)将光缆加强芯穿入分支架内固定柱中用螺母紧固;拧紧压缆卡,固定光缆。光缆护套切口与压缆卡内侧相距 0.6～1.0 cm,如图 2.94 所示。

(6)先取下集纤盘,将套上保护套管的光纤通过卡环引入到集纤盘,并用扎带固定在集纤盘上,光纤曲率半径应符合要求,如图 2.95 所示。

(7)熔接光纤。熔接方法与前述光纤接续基本相同,只是尾纤的涂覆层剥除稍有不同。另外,制作尾纤端面时,应选择切割刀较宽的 V 形槽。

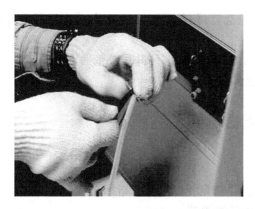

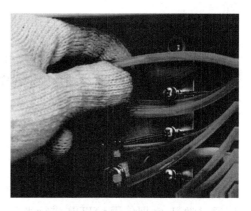

图 2.93　开剥处缠绝缘胶带　　　　　　图 2.94　固定加强芯

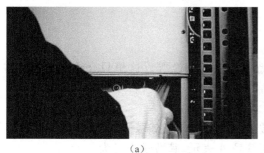

（a）

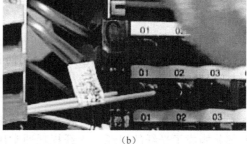

（b）

图 2.95　将光纤固定在集纤盘上

（8）安装适配器，把光纤熔接的热缩套管固定在集纤盘的固定槽当中，盘留余纤和尾纤并用胶带固定，如图 2.96 所示。

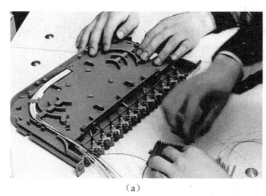

（a）

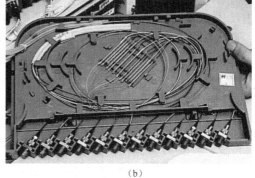

（b）

图 2.96　盘留光纤及尾纤余长

（9）盖好集纤盘的盖板，把集纤盘推入导轨，同时把套入保护套管的光纤按预定光纤走线方向布放在 ODF 架内。

终端盒成端的操作比较简单，光缆一侧的开剥和固定与光缆接续类似，而尾纤一侧则与ODF 架类似。这里简单介绍终端盒的成端步骤：

（1）拆开终端盒，检查部件是否齐全。

（2）开剥光缆，将加强芯固定到终端盒的加强芯固定桩上，紧固，弯曲后余留 2 cm 剪断。

（3）旋紧压缆卡，固定光缆；用塑料扎带固定松套管，预盘开剥好的光纤，将多余部分剪除。

（4）安装适配器，熔接光缆与尾纤。

（5）将热缩套管固定在集纤盘的固定槽当中，盘留余纤和尾纤并用胶带固定。

（6）盖好终端盒的盖板，将终端盒固定在安全的位置。

典型工作任务5　光通信线路的测试

2.5.1　工作任务

1. 通过学习，弄清影响光纤传输特性的因素，弄清光纤传输特性指标。

2. 通过学习，掌握使用 OTDR 进行光通信线路的测试。

2.5.2　相关配套知识

1. 光纤的传输特性

光纤特性包括传输特性、光学特性、几何特性和温度特性等。这里只介绍光纤的传输特性，包括损耗特性和带宽特性。

1）光纤的损耗

光纤传输的光能量有一部分在光纤内部被吸收，也有一部分辐射到光纤外部使能量减少，这两部分构成了光纤的损耗。光纤损耗通常用符号 A 表示，其数学定义为

$$A = -10\lg(P_{out}/P_{in})$$

式中，P_{out} 和 P_{in} 分别是输出端和输入端的光功率，损耗的单位用 dB（分贝）表示。

通常还使用衰减系数来表征光纤的损耗特性，衰减系数即为每千米光纤的损耗，通常用 α 表示。即：

$$\alpha = A/L = -10\lg(P_{out}/P_{in})/L$$

式中，L 是光纤的长度，按 km 计。衰减系数的单位是 dB/km。

衰减系数与波长的关系曲线称为衰减谱，如图 2.97 所示。

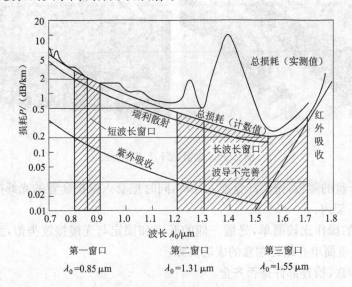

图 2.97　衰减系数与波长的关系

在衰减谱上,衰减系数出现的高峰,称为吸收峰。衰减系数较低的波长,称为窗口。通常说的工作窗口有 3 个:$\lambda_0 = 0.85\ \mu m$、$\lambda_0 = 1.31\ \mu m$、$\lambda_0 = 1.55\ \mu m$。光纤中的光信号产生衰减的原因主要有以下几种:

(1)光纤的电子跃迁和分子振动都要吸收一部分光能,造成光损耗,产生衰减。

(2)光纤原料中总会有一些杂质,存在过渡金属离子(如 Cu^{2+}、Fe^{2+}、Cr^{3+} 等),这些离子在光的作用下也会产生电子跃迁,产生衰减。

(3)光纤中存在的氢氧根(OH^-),也会产生衰减。

(4)由于各种散射原因造成一部分光能射出光纤之外,产生衰减。

(5)光纤的接头和弯曲也会产生衰减。

基于以上的原因,光纤的衰减归结为吸收衰减和散射衰减两种。

吸收衰减包括固有吸收衰减和杂质吸收衰减。固有吸收衰减也称为本征损耗,是光纤材料固有的属性,就像所有导体都存在一定的电阻会对电流产生阻碍作用一样。材料的本征吸收,紫外吸收的波长在 $0.39\ \mu m$ 以下,红外吸收的波长在 $1.8\ \mu m$ 以上。杂质吸收衰减是可以减小的,这就需要对光纤材料进行严格的化学提纯,金属离子的含量需要降至十亿分之一(ppb)级,氢氧化合物的杂质含量要降至 $0.001‰$ 以下。

散射衰减是光信号在光纤中发生散射产生的衰减。光信号传播时,遇到光纤不均匀或不连续的部分时,会有部分光信号射到各个方向上甚至射出光纤而无法传输到信宿端,引起光能量的丢失,造成衰减。常见的散射有瑞利散射、布里渊散射、受激拉曼散射等,产生这些散射的原因和情况比较复杂,在这里不做进一步讨论。

2)光纤的色散和带宽

在物理学中,色散是指不同颜色的光经过透明介质后被分散开的现象,而光通信理论拓宽了色散这个名词的含义。在光纤中,信号是由很多不同模式或频率的光波携带传输的,当信号达到终端时,不同模式或不同频率的光波出现了传输时延差,从而引起信号畸变,这种现象就统称为色散。对于数字信号,经光纤传播一段距离后,色散会引起光脉冲展宽,严重时,前后脉冲将互相重叠,形成码间干扰。因此,色散决定了光纤的传输带宽,限制了系统的传输速率或中继距离。色散和带宽是从不同的领域来描述光纤的同一特性的。

根据色散产生的原因,光纤的色散主要分为:模式色散、材料色散和波导色散。

(1)模式色散

模式色散是因为在多模光纤中同时存在多个模式,不同模式沿光纤轴向的群传播速度是不同的,它们到达终端时,必定会出现时延差,形成模间色散,从而引起脉冲宽度展宽。模式色散的脉冲展宽如图 2.98 所示。

模式色散是影响多模光纤带宽的主要因素。

(2)材料色散

材料色散是由于光纤材料的折射率随光波长的变化而变化,使得光信号各频率的群速度不同,引起传输时延差的现象。显然,这种色散取决于光纤材料折射率的波长特性和光源的线谱宽度。

在数字光纤通信系统中,实际使用的光源的输出光并不是单一波长,而是具有一定的谱线宽度。由于光纤材料的折射率是波长的函数,光在其中的传播速度 $v(\lambda) = c/n(\lambda)$ 也随光波长而变。当具有一定谱线宽度的光源所发出的光脉冲入射到单模光纤内传输时,不同波长的光脉冲将有不同的传播速度,在到达输出端时将产生时延差,从而使脉冲展宽。这就是材料色散的产生机理。

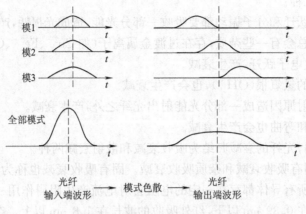

图 2.98　模式色散的脉冲展宽

(3)波导色散

波导色散是针对光纤中的某个模式而言的,不同波长的相位常数不同,从而使群速度不同,也会引起色散。波导色散还与光纤的结构参数、纤芯与包层的相对折射率差等多方面因素有关,因此也称为结构色散。普通的 G.652 单模光纤在 1.31 μm 窗口处,波导色散和材料色散基本相互抵消。

单模、多模光纤受色散的影响对比见表 2.31。

表 2.31　单模、多模光纤受色散的影响对比

色散 光纤	模式色散	材料色散	波导色散
单模光纤	不存在	主要影响	随波长增大
多模光纤	主要影响	主要影响	可忽略

可以看出,多模光纤的带宽主要由模式色散决定,而单模光纤的带宽主要受材料色散的影响。一般来说,模式色散对光脉冲的影响比材料色散大得多,因此单模光纤的带宽比多模光纤大得多。

2. OTDR 的基本原理

OTDR 的英文全称是 Optical Time Domain Reflectometer,中文意思为光时域反射仪。OTDR 是利用光线在光纤中传输时的瑞利散射和菲涅尔反射所产生的背向散射而制成的精密的光电一体化仪表,它被广泛应用于光缆线路的维护、施工之中,可进行光纤长度、光纤的传输衰减、接头衰减和故障定位等的测量。

1)光时域反射仪(OTDR)的测试原理

OTDR 由激光源发射一束光脉冲到被测光纤,通常由用户选择脉冲的宽度。因被测光纤链路特性及光纤本身特性而产生的反射光和菲涅尔反射的信号返回到 OTDR 入射端,信号通过一耦合器送到接收机,光信号被转换成电信号,将分析背向散射曲线显示在屏幕上。光时域反射仪的测试原理如图 2.99 所示。

2) 光时域反射仪(OTDR)的工作原理

用脉冲发生器调制一个光源,使光源产生窄脉冲光波,经光学系统(透镜)耦合入光纤,光波在光纤中传输时出现散射,散射光沿光纤返回,途中经一耦合装置,经光学系统(透镜)输入到光电检测器,变成电信号,再经放大及信号处理,送入示波器显示。光时域反射仪的工作原理框图如图 2.100 所示。

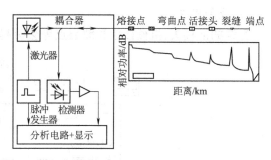

图 2.99 光时域反射仪的测试原理

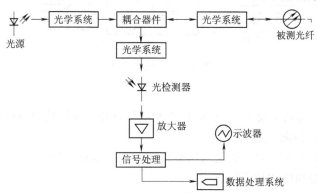

图 2.100 光时域反射仪的工作原理框图

3)光时域反射仪的测试连接

光时域反射仪的测试连接如图 2.101 所示。

图 2.101 光时域反射仪的测试连接

4)OTDR 链路上可能出现的各类事件

(1)非反射事件

光纤的熔接点与弯曲点会引起损耗,但通常不会引起明显反射。非反射事件如图 2.102 所示。

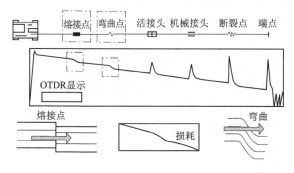

图 2.102 非反射事件

（2）反射事件

光纤的活接头、机械接头和断裂点等会引起损耗与反射。反射事件如图 2.103 所示。

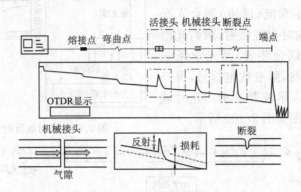

图 2.103　反射事件

（3）终端反射事件

光纤的端点会引起明显反射，通常称为菲涅尔反射峰。终端反射事件如图 2.104 所示。

3. AQ7280 型 OTDR 的使用

这里以 AQ7280 型光时域反射仪为例来介绍 OTDR 的使用方法。

1）AQ7280 主要功能和技术特点

AQ7280 型 OTDR 外观如图 2.105 所示。

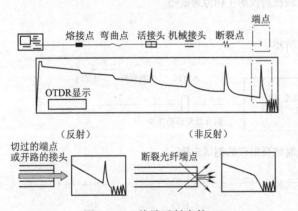

图 2.104　终端反射事件

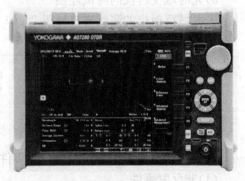

图 2.105　AQ7280 型 OTDR 外观

AQ7280 型 OTDR 的接口组成如图 2.106 所示。

AQ7280 的主要技术特点有以下几点：

（1）硬件方面

①采用模块化设计理念，方便裁剪和扩展。

②超大 8.4 英寸电容式触摸屏，像平板电脑一样操作仪表。

③支持超大动态范围型号（50/50 dB）。

④快速的冷启动时间，仅 10 s 即可完成启动。

⑤单个端口支持 4 种不同波长。

⑥带内置式 SD 卡插槽。

⑦超长的电池工作时间，可工作 15 个小时以上。

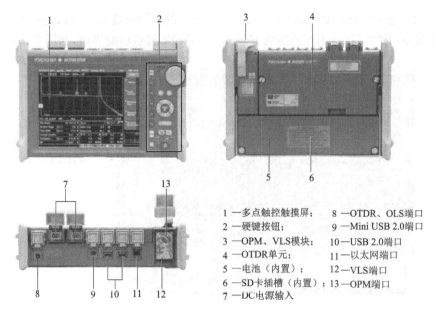

图 2.106　AQ7280 型 OTDR 的接口组成

1 —多点触控触摸屏；　　8 —OTDR、OLS端口
2 —硬键按钮；　　　　　9 —Mini USB 2.0端口
3 —OPM、VLS模块；　　10—USB 2.0端口
4 —OTDR单元；　　　　11—以太网端口
5 —电池（内置）；　　　12—VLS端口
6 —SD卡插槽（内置）；　13—OPM端口
7 —DC电源输入

（2）软件方面

①具备多任务工作模式。

②Smart Mapper 功能，实现 PON 网络的智能测量。

③具有鹰眼测量模式，大大提高长距离定位精度。

④无线数据传输功能，支持智能手机连接 APP。

⑤可以在线实时生成测量报告，更人性化、专业化。

⑥多芯光纤测量项目管理功能。

2）AQ7280 的基本操作方法

（1）开机

安装好电池或 AC 适配器后，按下 ⏻ 按键开机。10 s 内 AQ7280 进入图 2.107 所示的界面。

图 2.107　AQ7280 的主界面

在该功能界面中,如果没有选购某些选件,其相应的功能按键将不会被清晰显示出来。

按开机界面的"OTDR"图标或按"F1"键进入 OTDR 测量功能界面,如图 2.108 所示。

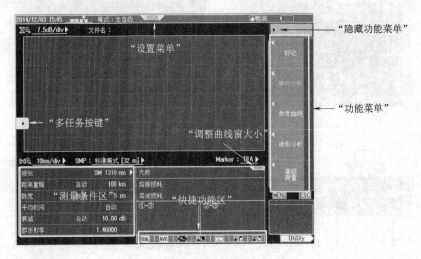

图 2.108　OTDR 测试界面

(2)OTDR 的测量操作

①SETUP 菜单操作

SETUP 菜单的显示可以通过触摸下拉菜单实现。与按"$\boxed{SETUP}$"按键效果一致,如图 2.109 所示。

在这里,可以选择测量模式,并对测量进行基本的设置。AQ7280 有三种测试模式,即全自动模式、手动测量模式和 PON 模式。

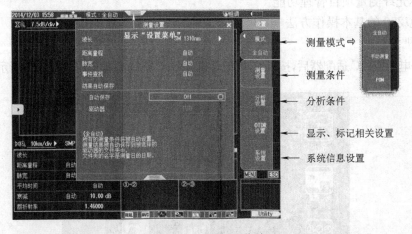

图 2.109　SETUP 菜单

②全自动模式

在全自动模式下的"测量设置",只能对"测量波长"与"自动保存"项进行设置,其他选项由仪表自动识别和生成。全自动模式下的参数设置如图 2.110 所示。

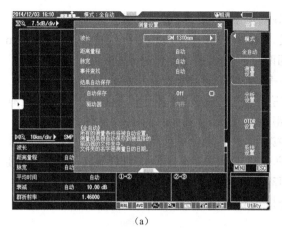 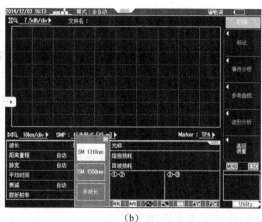

（a）　　　　　　　　　　　　　　（b）

图 2.110　全自动模式下的参数设置

按屏幕上的"AVC"快捷图标或面板上的" AVC "按键进行测量，如图 2.111 所示。

单击屏幕右下角的"SOR"快捷图标，SOR 文件将直接保存在内存或指定的 U 盘中；单击屏幕右下角的"PDF"快捷图标，PDF 报告直接生成在内存或指定的 U 盘中，如图 2.112 所示。

图 2.111　全自动模式测量　　　　图 2.112　保存 SOR 文件和 PDF 文件

③手动测量模式

选择"手动测量模式"（图 2.113），就需要按照测量的要求，设置相应的测量条件。

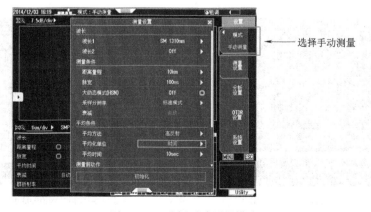

图 2.113　选择手动测量模式

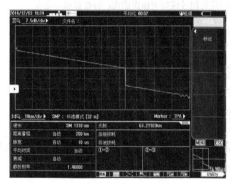

下面对手动测量模式下,"测量设置"的部分测量条件进行简单的说明。

a. 波长:选择进行 OTDR 测量使用的波长,如果在波长 1 与波长 2 分别选择了 1 310 nm 与 1 550 nm,那么 OTDR 将自动对线路分别用两个波长测量,给出分析结果。

b. 距离量程:设置进行测量的距离量程,一般为实际长度的 1.5~2 倍。

c. 平均方法:一般有高速和高反射两种方法。高速方法主要用于测量短距离,中间没有反射峰的线路,而高反射方法主要用于测量长距离的光纤线路。

d. 测量前动作:通常有"有光告警"和"连接检查"两个检查项目。光纤中有光告警打开时,仪表自动对线路中是否有光进行预警,保护 OTDR 模块;连接检查则对接入 OTDR 的接头情况进行检查,防止连接不好,影响测量的距离与质量。

除了"测量设置",手动测量模式下还有"分析设置"选项需要进行设置。图 2.114 给出了分析设置各主要选项的条件。

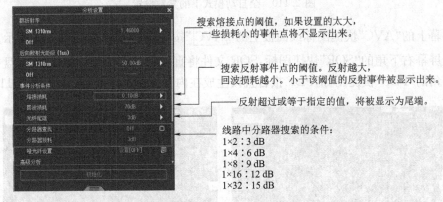

图 2.114　分析设置主要设置条件

与全自动模式类似,手动测量模式下,按屏幕上的"AVC"快捷图标或面板上的"$\boxed{\text{AVC}}$"按键进行测量。单击屏幕右下角的"SOR"快捷图标,SOR 文件将直接保存在内存或指定的 U 盘中;单击屏幕右下角的 PDF 快捷图标,PDF 报告直接生成在内存或指定的 U 盘中。

在测量过程中,溶解损耗的阈值是比较关键的参数,不同的阈值能够影响仪表的测量分析和测量结果。图 2.115 为熔接损耗阈值为 0.1 dB 时和 0.03 dB 时的测量结果,可以看出阈值越小,对光通信线路的要求越苛刻。

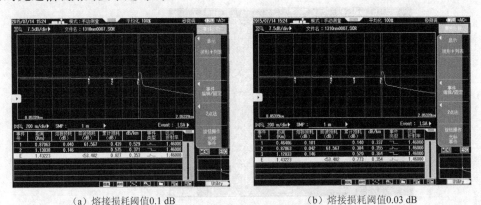

(a)熔接损耗阈值0.1 dB　　　　　　　　　(b)熔接损耗阈值0.03 dB

图 2.115　熔接损耗阈值不同的对比

④ PON 模式

PON 模式的测量设置界面如图 2.116 所示。

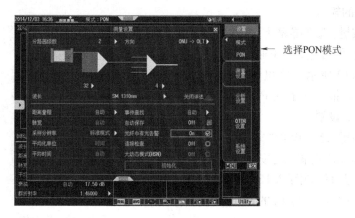

图 2.116 PON 模式的测量设置界面

按照 PON 网络的结构选择合适测量条件,其中包含 PON 网络的级数、各级分路器类型、测量的波长等。

与全自动和手动测量模式类似,PON 模式下,按屏幕上的"AVC"快捷图标或面板上的"AVC"按键进行测量。单击屏幕右下角的"SOR"快捷图标,SOR 文件将直接保存在内存或指定的 U 盘中;单击屏幕右下角的"PDF"快捷图标,PDF 报告直接生成在内存或指定的 U 盘中。

⑤Smart Mapper 测量模式

光纤线路联入 AQ7280,OTDR 将使用不同的脉宽对线路进行精确测量,最后给出一个准确的分析结果,主要应用于 FTTH 线路的测量与分析。图 2.117 的光通信线路其测量结果对比如图 2.118 所示。

图 2.117 光通信线路结构

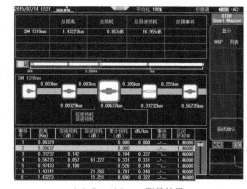

（a）SmartMapper测量结果

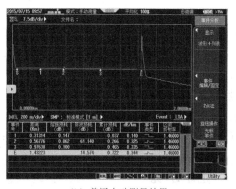

（b）普通自动测量结果

图 2.118 两种测量结果的对比

（3）OTDR 在线测量报告的生成

AQ7280 支持直接生成在线测量报告，具体的生成方法如下：

①作业信息的输入

按"FILE"按键，选择屏幕上"文件名设置"选项或按"F4"键，即可进入"作业信息输入"设置界面，如图 2.119 所示。这里录入的作业信息将作为在线报告报头显示在 PDF 报告中。

②报告布局的设置

按"FILE"按键，之后设置"文件操作"选项为"报告"，然后单击"设置"或按"F4"键，即可进入"报告设置"界面，如图 2.120 所示。在设置中，勾选报告中需要显示的项目和布局即可。

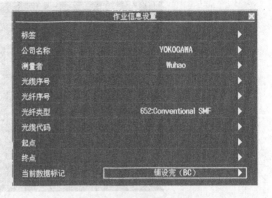

图 2.119　作业信息的输入

这里需要注意的是，如果没有对曲线进行"事件分析"，那在线生成的报告中将没有事件列表。

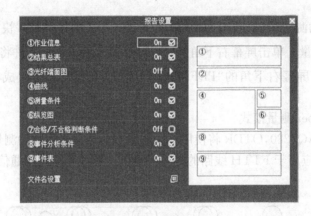

图 2.120　报告设置

 相关规范、规程与标准

1.《铁路通信设计规范》（TB 10006—2016）3.2.1、3.2.2、3.2.3 条对光缆类型选择作了规定；3.6.1 条对光缆接续作了规定；3.6.3、3.6.4 对光缆的引入作了规定。

2.《通信线路工程设计规范》（GB 51158—2015）4.2 对光缆的选择作了规定；6.6 对光缆的接续、进局和成端作了规定。

3.《高速铁路通信工程施工技术规程》（Q/CR 9606—2015）5.3 对高速铁路中光缆单盘检测作了规定；5.5 对光缆接续及引入作了规定；5.7 对电缆检测作了规定。

 项目小结

本项目介绍光通信线路，分别从光纤、光纤熔接、光缆、光缆接续和光通信线路的测试来介绍,其中光纤熔接、光缆接续、光通信线路测试都是铁路现场的主要作业,应该强化训练和掌握。

任务 1 介绍了光纤的基础知识和光纤通信的基本原理,包括光纤的结构、分类、常用光纤、常用光器件和测量仪表等。首先,从光纤的概念、结构等内容介绍光纤的基础知识,接着介绍了光纤的导光原理、光纤按照不同的标准分类等内容。然后介绍光通信中常用的光纤(主要是单模光纤),较详细地描述了各种常用光纤的特点。任务的最后介绍了光通信常用光器件(包括有源光器件和无源光器件)及光功率计的使用方法。

任务 2 介绍了光纤熔接的基本操作,包括光纤熔接端面的制备和熔接机的使用。其中熔接机的使用方法、设置和放电校正等内容所占比例较大,是本任务的重点内容。

任务 3 介绍了光缆的基础知识,包括光缆的结构、分类用途、型号命名、常用光缆、端别辨认和色谱的构成等内容。首先介绍了光缆的基本结构,并由基本结构引出分类和用途。通过不同的结构和分类介绍了光缆的型号,同时介绍了光缆端别的辨认和纤序的识别。任务最后介绍了一些现场常用的光缆。

任务 4 介绍了光缆接续和成端的基本方法和基本操作,包括光缆的开剥、固定、熔接、余纤收纳、封盒等操作,重点强调工艺和注意事项。光缆成端主要介绍 ODF 成端,介绍了成端的具体操作,重点介绍技术要求。

任务 5 介绍了光通信线路的测试,重点介绍了 OTDR 的基本操作和使用方法。首先介绍了光纤传输特性的相关原理,而后介绍了 OTDR 的基本测试原理。最后重点介绍 AQ7280 型光时域反射仪 OTDR 的使用方法。

 ## 复习思考题

1. 简述光纤的结构和各部分的功能。
2. 简述光纤的导光原理。
3. 光纤有哪些分类方法? 如何进行分类?
4. 简述 G.652、G.653、G.655 光纤的特点和应用场合。
5. 《铁路通信设计规范》(TB 10006—2016)中对光纤的选择是如何规定的?
6. 通信光源有哪两种类型? 试比较其特点。
7. 光检测器的作用有哪些?
8. 光放大器的作用有哪些?
9. 常用的无源光器件有哪些?
10. 光耦合器的作用有哪些? 有哪些技术指标来进行衡量?
11. 简述波长转换器的工作原理。
12. 简述光纤熔接的具体步骤和工艺要求。
13. 简述如何使用光纤熔接机进行光纤熔接。
14. 光纤熔接机使用前为什么要进行放电校正?
15. 简述光缆的结构和分类。
16. 简述光缆型号命名方法。
17. 如何进行光缆端别的辨认? 光缆的纤序是如何排布的?

18. 简述光缆接续的具体步骤和工艺要求。
19. 光缆的成端方式有哪几种?
20. 简述光缆成端的具体步骤和工艺要求。
21. 简述影响光纤损耗的因素。
22. 简述影响光纤带宽的因素。
23. 简述 OTDR 的基本原理。
24. OTDR 链路上出现的事件有哪些?
25. 简述光时域反射仪(OTDR)的使用方法。

项目 3　通信线路施工与维护规定

 项目描述

本项目主要针对铁路通信线路的施工与维护规定问题展开,基本任务是弄清铁路通信线路在施工和维护过程中需要遵循什么样的原则。本项目主要解决以下两个问题:

1. 解决在通信线路施工过程中,需要遵循的规定问题。
2. 解决在通信线路维护过程中,需要遵循的规定问题。

 拟实现的教学目标

1. 知识目标

(1)掌握光电缆选择的相关规定。

(2)掌握光电缆径路选择的相关规定。

(3)掌握光电缆的敷设及机械防护的相关规定。

(4)掌握光电缆雷电、强电防护及接地的相关规定。

(5)掌握光电缆接续及引入的相关规定。

(6)掌握光缆监测的相关规定。

(7)掌握通信线路设备管理和设备维护的相关规定。

(8)掌握通信线路维护质量标准的相关规定。

2. 能力目标

(1)能根据光电缆选择的相关规定正确选用光电缆。

(2)能根据光电缆径路选择的相关规定正确设计光电缆径路。

(3)能根据光电缆的敷设及机械防护的相关规定正确敷设光电缆。

(4)能根据光电缆雷电、强电防护及接地的相关规定对光电缆进行防护和接地。

(5)能根据光电缆接续及引入的相关规定正确地进行光电缆接续和引入。

(6)能正确掌握通信线路设备管理和设备维护的相关规定,并在维护过程中贯彻执行。

(7)能正确掌握通信线路维护质量标准的相关规定,并在维护过程中贯彻执行。

3. 素质目标

(1)培养谦虚谨慎的学习态度和认真严谨的工作作风。

(2)树立正确的安全观念。

典型工作任务 1　通信线路设计施工规定

3.1.1　工作任务

通过学习,掌握通信线路设计、施工的相关规定。

3.1.2 相关配套知识

通信线路工程的设计、施工相关规定有对应的国家标准,《通信线路工程设计规范》(GB 51158—2015)中规定了通信线路在设计、施工、防护等方面的具体细节。除此之外,国家铁路局也有行业标准《铁路通信设计规范》(TB 10006—2016)对铁路通信线路方面做了进一步的规定。在高速铁路方面,中国铁路总公司还制定了《高速铁路通信工程施工技术规程》(Q/CR 9606—2015)规范高速铁路通信设计和施工的相关事项。下面以《铁路通信设计规范》(TB 10006—2016)为主介绍铁路通信设计施工的相关规范。

1. 一般规定

(1)通信线路设计应根据需要设置长途通信线路、地区及站场通信线路。

(2)通信线路应优先选择光缆。

(3)光缆和电缆的类型、容量、条数、敷设方式应符合业务需求和网络可靠性要求。

(4)架空通信线路设计还应符合《通信线路工程设计规范》(GB 51158—2015)等有关技术标准的规定。

(5)水底通信线路设计还应符合《通信线路工程设计规范》(GB 51158—2015)等有关技术标准的规定。

2. 光电缆类型选择及设置

(1)光缆类型选择应符合下列规定:

①宜选择充油型光缆。

②光缆结构宜采用松套层绞式,也可采用中心束管式等,其规格和性能应符合《层绞式通信用室外光缆》(YD/T 901—2015)、《中心束管式全填充型通信用室外单模光缆》(YD/T 769—2010)等有关技术标准的规定。

③光缆护层结构应根据敷设地段的土质、地形和敷设方式、保护措施等因素确定,并符合《通信线路工程设计规范》(GB 51158—2015)等有关技术标准的规定。

(2)光纤类型选择应符合下列规定:

①宜采用单模光纤。

②宜选择 G.652 光纤,也可选择 G.655 光纤等。

③光纤性能应符合《通信用单模光纤》等有关技术标准的规定。

(3)光纤芯数应根据网络规划、可靠性、业务需求及光缆结构确定。新建长途光缆中预留光纤数占该条光缆光纤总数的比例不宜低于 50%。

(4)区间短段光缆设计宜综合考虑区间节点的业务需求,并宜与长途光缆分缆设置。

(5)电缆类型选择应符合下列规定:

①长途电缆宜选用充油型低频对称电缆。

②地区及站场电缆宜选用铝塑综合护套充油型电缆。

(6)电缆设置应符合下列规定:

①电缆芯线线径应根据传输衰耗计算确定。

②长途电缆芯线数量应符合长途及区段回线的使用要求,并留有一定的备用量。

③地区及站场用户电缆芯线数量应根据地区及站场电话数量确定,并适当预留。

(7)光电缆的防火设计应符合《铁路工程设计防火规范》(TB 10063—2007)等有关技术标准的规定。

3. 光电缆径路选择

(1)光电缆沿铁路线敷设时,应敷设在铁路线路安全保护区范围内;有防护栅栏时,宜敷设在防护栅栏内。

(2)沿既有铁路增设长途光电缆时,宜选择在与既有通信光电缆不同铁路线路侧敷设。沿新建铁路线敷设两条及以上长途光电缆时,宜分别敷设在铁路线两侧。

(3)光电缆径路应避开下列地段:

①湖泊、沼泽、排涝蓄洪地带。

②断沟、陡壁、滑坡、泥石流及土壤易流失的地段。

③易崩塌、采空区。

④单线铁路区间预留复线位置区段和站场内预留股道的地段。

⑤受强电线路影响,易遭雷击和机械损伤的地带。

⑥化学腐蚀、外部泄漏电流腐蚀等严重腐蚀地带。

⑦长期经受外界固定的或交变的机械作用和剧烈震动的地区。

⑧不良冻土地带。

(4)光电缆线路径路宜避开下列处所:

①苗圃、果园、林区等农林地带。

②有严重鼠害、蚁害的地区。

③城市规划区。

(5)光电缆通过河流时,宜在桥上通过;通过桥梁和隧道时,宜选择在桥梁上和隧道内敷设;通过站台时,宜选择在通信管道或站台综合管沟内敷设。

(6)除困难地段外,直埋光电缆不宜选择在路肩上。

(7)直埋光电缆与其他建筑设施的间距应符合《通信线路工程设计规范》(GB 51158—2015)等有关技术标准的规定。

(8)地区及站场通信光电缆与长途通信光电缆相同径路时,宜同沟埋设。

4. 光电缆敷设及机械防护

(1)光电缆在路基地段敷设时,应符合下列规定:

①有电缆槽道时,应敷设在电缆槽道内。

②无电缆槽道时,根据情况可采用直埋、管道或架空等方式。

③过轨点及引出电缆槽处宜设置电缆井。

④通过坡度不小于 20°且坡长不小于 30 m 的斜坡时,宜采用"∽"形敷设。

⑤光电缆接头位置宜选择在地势平坦、地基稳固、便于维修的地点。

(2)光电缆在桥梁地段敷设时,应符合下列规定:

①有电缆槽道时,应敷设在电缆槽道内。

②无预留电缆槽道时,根据情况可利用钢槽、复合材料槽或钢管敷设。

③光电缆接头位置不宜选择在桥上。

(3)光电缆在隧道地段敷设时,应符合下列规定:

①有电缆槽道时,应敷设在电缆槽道内。

②无电缆槽道可用时,可吊挂在隧道壁上。

（4）当光电缆在市区敷设或进入 A 级通信设备房屋、大型及以上客运站时，宜采用管道方式。

（5）通信管道设计应符合下列规定：

①通信管道宜采用高密度聚乙烯（HDPE）或硬聚氯乙烯（PVC-U）等管材，也可采用钢管或水泥管材。

②管孔数量应根据光电缆远期容量按管道段落分别确定，并预留备用管孔。

③子管穿放。

a. 大孔径管孔中应穿放多根子管，同一个管孔内的多，限于管的总等效外径宜不大于管孔内径的 90%。

b. 同一个管孔内的多根子管应一次性穿放。

c. 子管不应跨人孔或手孔穿放。

④人孔、手孔设置

a. 在管道的两端、分支、引入、拐弯处及光电缆接续点等处宜设置人孔或手孔。

b. 对于管道直线段，人孔、手动的设置间距应根据敷设地段的环境条件、光电缆的穿放方法、光电缆盘长等因素确定。

c. 管孔数量较少时或配线管道引上时，可采用手孔。

d. 人孔、手孔的规格应根据终期的管道容量确定，并符合光电缆穿放、接续、预留和检修的需要。

⑤光电缆在相邻管道段所占用的孔位应相对一致。

⑥通信管道设计其他要求应符合《通信管道与通道工程设计规范》（GB 50373—2006）等有关技术标准的规定。

（6）光电缆埋深应符合下列规定：

①普通土、硬土、半石质铁路路肩地段：不小于 0.8 m。

②全石质铁路路肩地段：不小于 0.5 m，特殊困难地段采用水泥槽防护时不小于 0.4 m。

③其余地段应符合《通信线路工程设计规范》等有关技术标准的规定。

（7）直埋光电缆预留长度应符合《通信线路工程设计规范》等有关技术标准的规定。

（8）光缆敷设安装的最小弯曲半径应符合《通信线路工程设计规范》等有关技术标准的规定。

（9）光电缆在各类管材中穿放时，管材内径不得小于光电缆外径的 1.5 倍。穿放多条光电缆时，每条光电缆均采用独立子管保护。

（10）在预置有电缆槽的铁路区段，在过轨点处可采用钢管或 HDPE 管连通轨道两侧的电缆槽。

（11）直埋光电缆标石及警示牌的设置应符合下列规定：

①光电缆标石的埋设位置

a. 光电缆接头点、分歧点及余留点。

b. 光电缆线路转弯点。

c. 穿越河流、铁路及公路的两侧。

d. 穿越障碍物时，利用 1 m 后两埋设标寻找光电缆有困难的地段。

e. 光电缆线路直线段，宜按每 50 m 设置 1 处标石。

f. 在上述地点有可用的固定标志时可不另设标石。

②光电缆警示牌设置地点

a. 穿越公路、铁路的两侧。

b. 农田菜地。

c. 人口居住密集处。

d. 其他需要设置的地点。

③标石及警示牌的材质及信息标志内容等应符合《铁路线路及信号标志牌》(TB/T 2493—2013)等有关技术标准的规定。

(12)光电缆在通过下列特殊地段时,应采取相应防护措施:

①穿越铁路、通车繁忙或开挖路面受到限制的公路,宜采用下穿钢管或 HDPE 管等防护。

②埋设在路肩或埋深达不到要求的困难地段,宜采用水泥槽等防护措施。

③跨越水沟而无法直埋时,宜采用钢管防护。

④穿越居民密集的城镇,宜采用水泥槽防护。

⑤穿越或沿靠山涧、水溪等易受冲刷地段时,根据具体情况采取漫水坡、挡土墙或水泥槽等防护。

⑥直埋光电缆接头应采用水泥槽防护。

(13)光电缆通过腐蚀地带时,应采取下列防护措施:

①采用防腐蚀性能较好的光电缆护套及接头盒。

②采取牺牲阳极的阴极保护法。

③腐蚀严重地段,加装陶瓷管或硬塑料管防护。

(14)光电缆通过严重鼠害蚁害地带时,应采取下列防护措施:

①选用机械强度高及有涂药层或添加剂的光电缆。

②敷设保护药带,并应避免对环境的污染。

(15)寒冷地区敷设光电缆时,应采取下列防护措施:

①宜选用机械强度高、抗拉伸性好的抗拉伸铠装光电缆。

②在季节性冻土层地段直埋敷设光电缆时,若冻土层小于正常埋深,宜将光电缆埋在冻土层以下;若冻土层深于正常埋深时,应增加埋深或设置管槽等防护措施。

5. 雷电、强电防护及接地

(1)光电缆遇到以下处所时,应采取防雷保护措施:

①年平均雷暴日大于 20 天的地区。

②多次遭雷击的地点。

③地形突变、土壤电阻率变化较大的地带。

④光电缆与树木、高耸建筑物、构筑物等的最小间距不符合表 3-1 的规定时。

表 3-1　光电缆与树木、高耸建筑物、构筑物等的最小间距

土壤电阻率 ρ (Ω·m)	与 10 m 及以上树木 (m)	与 6.5 m 及以上的杆塔 (m)	与高耸建筑物及其 保护接地装置(m)
ρ≤100	15	10	10
101≤ρ≤500	20	15	15
ρ>500	25	20	20

注:在市区、山区或电力牵引供电铁路等光电缆敷设条件困难区段,采用绝缘防护措施后,光电缆与杆塔等的距离不得小于 1 m。

（2）光缆的防雷保护应符合下列规定：

①光缆不设地线，接头两侧的金属护套及金属加强件应相互绝缘。

②雷害严重地段，可采用非金属加强构件的光缆。

③在落雷较广的地带，可设置防雷线，并符合《通信线路工程设计规范》等有关技术标准的规定。

（3）电缆的防雷保护应符合下列规定：

①长途电缆金属护套、铠装应接地。

②其接地间距不应大于 4 km，雷害严重的地段间距宜适当缩短。

③接地电阻不应大于 4 Ω，困难地点宜不大于 10 Ω。

（4）通信线路遭受强电线路干扰影响容许杂音值符合表 3-2 的要求。

表 3-2   干扰影响容许杂音值

回线名称	杂音计电压（mV）	杂音点评（dB）
调度回线	1.25	−56
一般回线	2.0	−50

注：在通信站用杂音测试器测量时，应采用高阻，输入端并接等于回线输入阻抗 Z，其实测值应乘以 $\sqrt{600/Z}$ 。

（5）通信线路遭受强电线路危险影响的容许值应符合《电信线路遭受强电线路危险影响的容许值》（GB 6830—1986）等有关技术标准的有关规定。

（6）光电缆的强电影响防护应符合下列规定：

①光电缆与电力线路交叉跨越时，宜垂直通过，在困难情况下，其交叉跨越夹角不应小于 45°。

②光电缆与强电线路接近时，应根据影响的大小、线路的长短等因素，采取迁移改线、更换屏蔽性能好的电缆，以及采用降压设备等措施。

③电力牵引供电铁路区段，长途通信电缆应设屏蔽地线，接地间距不应大于 4 km。

④地区及站场电缆与电力牵引供电铁路区段平行接近长度超过 2 km 时，其主干电缆或平行接近段的金属护套应设屏蔽地线，并且屏蔽地线的间距不宜大于 2 km。

⑤屏蔽地线接地电阻值不应大于 4 Ω，困难地区不应大于 10 Ω。

⑥电力牵引供电铁路区段，长途通信电缆引入室内时，电缆金属护套的室内部分与室外部分应该相互绝缘。

（7）电力牵引供电铁路区段，通信电缆的防雷地线、屏蔽地线和合设。

（8）当距离综合接地系统的贯通地线 20 m 范围以内时，通信电缆接地装置应与贯通地线进行等电位连接，并符合《铁路防雷及接地工程技术规范》（TB 10180—2016）的有关规定。

6. 光电缆接续及引入

（1）光缆接续设计应符合下列规定：

①光纤的接续应采用熔接方式。

②室外光缆的接续、分歧宜使用光缆接头盒，也可采用交接箱等。

③光缆接头盒应采用密封防水结构，并符合《光缆接头盒第一部分：室外光缆接头盒》（YD/T 814.1—2004）等有关技术标准的规定。

④光纤接续后的光纤收容余长单端引入引出不应小于 0.8 m，两端引入引出不应小于 1.2 m。

⑤G. 652 光纤接头接续衰减限值最大值不应大于 0. 12 dB,平均值不应大于 0. 06 dB;G. 655 光纤接头接续衰减限值最大值不应大于 0. 14 dB,平均值不应大于 0. 08 dB。

(2)电缆接续设计应符合下列规定:

①电缆接头应采用单钎封焊或接头盒方式。

②电缆护套接续的套管宜采用可启式套管。

(3)光电缆引入应符合下列规定:

①光电缆宜通过局前电缆井或室内引入室引入通信设备房屋。

②光缆引入通信设备房屋前,应做绝缘接头,室内、外的金属护套及金属加强件应绝缘。

③电缆引入通信设备房屋时,室内、外的金属护套应绝缘,其室内部分的金属护套不得与接地的金属构件、机壳连通。

④室外光缆的金属护套及金属加强件、室外电缆的金属护套及屏蔽层应使用截面积不小于 16 mm² 的多股铜线接至室外接地汇集线上。

⑤分沟或分槽敷设的长途光缆引入通信设备房屋时,宜采用不同物理径路。

(4)引入、配线设备的设置应符合下列规定:

①根据需要设置电话引入架、总配线架(MDF)、光纤配线架(ODF)、数字配线架(DDF)、数据配线架(EDF)、音频配线架(VDF)、光电数字综合电化引入柜等引入、配线设备。

②电力牵引供电区段,引入、配线等配套设备应符合电力牵引供电防护的要求。

③引入、配线设备容量应适当预留。

7. 光缆监测

(1)直埋长途光缆可设置光缆监测系统(以下简称"监测系统"),地区光缆可根据需要纳入监测系统。

(2)监测系统的功能应符合《光缆线路自动监测系统技术条件》(YDN 010—1998)等有关技术标准的规定。

(3)监测系统应按监测中心、监测站两级结构设计。

(4)监测中心设备宜设置于维护单位所在地,包括服务器、网络设备等。

(5)监测站设备应设置于沿线通信设备房屋,包括通信模块、控制模块、光功率监测模块、光时域反射仪(OTDR)、光开关、波分复用器等。

(6)监测终端应根据维护需要设置。

(7)监测中心应提供北向接口。条件具备时应接入综合网络管理系统。

(8)监测中心与监测站之间链路可利用传输系统或数据通信网。

(9)根据需要,可选用在线监测方式、备纤监测方式、混合监测方式或保护监测方式。

(10)根据需要,直埋长途光缆可设置对地绝缘测试装置和接头盒浸水监测装置。

典型工作任务 2　通信线路维护规定

3. 2. 1　工作任务

通过学习,掌握通信线路维护的相关规定。

3.2.2　相关配套知识

中国铁路总公司编写的《铁路通信维护规则　设备维护》(以下简称《维规》)中有专门的内容介绍通信线路维护的相关规定。这里就以《维规》为主介绍通信线路的维护规定。

1. 一般规定

(1)通信线路包括光缆、电缆、明线线路及附属设施;按业务用途分为长途、地区(站场)线路。附属设施主要包括:交接箱、终端盒、通话柱,以及光纤监测系统、电缆充气设备、气压监测设备等。

(2)为预防自然灾害、人为施工等外界因素,以及通信线路自身劣化等内部因素对通信线路的影响,应重点加强可能发生灾害区段和薄弱环节的维护工作,加强季节性检查,及时排除故障隐患,以增强抗灾和抗干扰能力。

(3)通信线路附近遇有外界施工时,应及时与施工单位联系,并增加巡视次数。对危及通信线路安全的地段应派专人配合施工,并采取防护措施。极端天气和施工期间,应加强通信线路的监测工作,发现异常及时处理。

(4)通信线路中严禁设置影响通信传输质量和危及人身、设备安全的非通信回线。在不影响通信质量、不危及安全的条件下接入时,必须经过全面鉴定,并履行批准手续。

2. 设备管理

1)通信线路与其他专业的维护分界

(1)通信线路与其他通信专业的维护分界,以引入室内的第一连接处为分界点,并作以下规定:

①通信电缆及架空明线,以保安器、分线箱(盒)、总配线架的外线端子为分界点,其外线端子属于室内设备。

②光缆线路,以第一个尾纤活动连接器为分界点,其活动连接器属于室内设备。

③对于引入室内的光缆、成端电缆及配线的日常清扫、整理和其裸露端子配线焊接、根部强度的检查等工作,均由机房维护部门负责。

2)通信线路与非通信专业维护分界

(1)通信线路中非通信部门使用的回线或光纤由通信部门负责。

(2)通信线路上单独分歧的非通信部门的回线或光纤,由产权单位负责,光电缆及明线线路以分歧头(分线箱、接头盒等)分界,分歧头(分线箱、接头盒等)等由通信部门负责。

(3)设置在通信机房的非通信部门的引入光电缆,电缆线路以通信保安器为分界点,保安器(含)以内由通信部门负责;光缆线路以进入通信机房的第一个活动连接器为分界点,活动连接器以内由通信部门负责。

(4)引入非通信部门机房的通信光电缆,以通信配线架的连接器为分界点,连接器(含)以外由通信部门维护。

(5)有代维协议的按协议内容执行。

维护部门应根据线路维护工作的需要,配备仪表、工器具和必要的通信联络器材,并建立管理制度,由专人负责管理,经常保持良好。

主要仪表包括:光电缆径路探测仪、光源、光功率计、光时域反射仪(OTDR)、光纤熔接机、振荡器、电平表、串音衰耗测试器、可变衰耗器、兆欧表、直流电桥、接地电阻测试仪、气压表、查漏仪、电缆故障测试仪、光纤端面显微镜、光纤识别器、有害气体探测仪等。

主要工器具包括：维修车、应急照明用具、帐篷、发电机、抽水机、上杆工具、光缆夹持台钳、假纤、纵剖工具、光纤清洁器等。

3）维护部门应具备的技术资料

维护部门应具备如下技术资料：

a. 相关工程竣工资料、验收测试记录。

b. 光电缆平面示意图。

c. 光电缆径路（坐标）图、明线杆位（坐标）图、管道图。

d. 光电缆端面图。

e. 光电缆芯线运用台账、架空明线运用台账。

f. 交接、分线箱（盒）运用台账。

g. 电缆充气、气压遥测系统示意图，充气设备台账。

h. 光纤监测系统示意图，运用台账。

i. 抢修及备用器材、仪表、工具的台账。

j. 定期测试记录，设备检查记录。

k. 设备仪表技术资料（含维护手册、说明书等）。

l. 应急预案。

3. 设备维护

1）维修项目与周期

普速铁路通信线路的维修项目与周期见表 3-3。

表 3-3　普速铁路通信线路的维修项目与周期

类别	序号	项目与内容	周期	备　注
日常检修	1	巡视线路周围有无异状和外界影响，发现问题及时处理	1～2次/月	1. 应根据实际情况确定各巡视区段的周期，巡视工作可采用车巡（或添乘）和徒步相结合的方式 2. 防护栅栏外的线路，徒步巡视每月不少于 1 次，防护栅栏内的线路，可结合通话柱检修、试验延长为季度巡视 3. 车巡（或添乘）检查宜由设备维护单位集中组织，按区段进行 4. 对故障因素较多地区及特殊季节应当适当调整巡视次数
	2	巡视检查标桩、警示牌，人（手）孔，桥、隧、涵线路防护设施及线路附属设备	月	
	3	巡视检查杆路、导线、光缆、电缆及线路附属设备，清除异物		
	4	在区间通话柱业务接入车站的最远端接入点试验通话柱各项业务		
	5	查测电缆气门、气压并作记录		
	6	检查充气设备、充气系统及气体干燥度		
	7	检查清扫光缆交接箱、终端盒、电缆断开装置、电缆交接、分线箱、转换箱		
	8	电气化区段机房电缆接头盒屏蔽地线连接处温度和强度的检查		
	9	标桩、警示牌扶正、培固，清除周边杂草		
	10	通过光纤监测系统分析光纤特性变化		
	11	区间通话柱检修和业务试验	季	

类别	序号	项目与内容	周期	备注
集中检修	1	径路探测确认及埋深检查,培土捣固	年	
	2	电气化区段电缆屏蔽保护地线测试、整治、检查		每年雨季前
	3	光电缆标桩、警示牌补充		逐公里、逐段进行。特殊地段根据需要可适当调整次数
	4	设施加固,桥隧涵水泥槽、防护钢管整修		
	5	气门嘴、气门桩整修或更换		
	6	整正电杆、去腐涂油、整修帮桩、接腿、拉线、地线、护杆桩、撑杆及防雷装置等		
	7	检修线伤,整修线担、绑线、光缆预留架、试验螺丝等,清扫及更换绝缘子、紧同配件及铁担、铁配件锈蚀的一般处理		逐杆、逐段进行,重点季节可适当加强。无侵限危险区段可适当延长周期
	8	整理、更换杆路挂钩、检修吊线		
	9	整修进局引入、介入电缆及线路附属设备		
重点整修	1	光缆特性不合格点或区段整修	根据需要	
	2	电缆、明线电特性整修		
	3	光电缆埋深不够及护坡整修		
	4	径路塌陷填充		
	5	漏气段查漏整修		
	6	充气设备主要配件更换		
	7	电缆接头腐蚀检查整修		
	8	保安装置及地线补充和整修		
	9	光缆接头盒、交接箱、终端盒、电缆接头盒、交接、分线箱、转换箱整修		
	10	通话柱整修		
	11	标桩、警示牌、通话柱油饰		
	12	抽除积水,渗水、漏水整修		
	13	管孔检查疏通、人(手)孔、槽道杂物清理		
	14	人(手)孔井盖和槽道盖板更换、补充		
	15	更换电杆,新设、更换帮桩及接腿,钢筋混凝土电杆裂纹加固,新设、更换拉线、地锚和撑杆,更换线担,光缆预留架,调整垂度,整修终端、分歧、引入杆		
	16	电杆基础及防洪处所加固		
	17	架空线路砍伐树枝,电杆培土、除草(木杆)		

高速铁路通信线路的维修项目与周期见表 3-4。

表 3-4 高速铁路通信线路的维修项目与周期

类别	序号	项目与内容	周期	备 注
日常检修	1	巡视光电缆、管槽道径路有无异状和外界影响,发现问题及时处理	1~2次/月	1. 应根据实际情况确定各巡视区段的周期,巡视工作可采用车巡(或添乘)和徒步相结合的方式 2. 防护栅栏外的线路,徒步巡视每月不少于1次 3. 防护栅栏内的光电缆槽道,以车巡(或添乘)检查为主,车巡可辅以高清摄像机记录等手段,由设备维护单位集中组织,按区段进行,同时结合"天窗"检修作业,徒步对重点区段检查 4. 在特殊季节、施工地段应增加巡检次数
	2	通过光纤监测系统分析光纤特性变化	月	
集中检修	1	光电缆槽道及附属设施强度检修	季	复合材料槽道,盖板及附属设施的检修周期为季;水泥槽道及附属设施的检修周期可根据现场情况适当延长
	2	光电缆引下防护设施检修	年	
	3	直埋光缆径路探测确认及埋深检查,培土捣固		
	4	标桩、警示牌扶正、培固,清除周边杂草		
	5	人(手)孔、管道、槽道检修		
	6	光缆引入机房绝缘节接地检查		
重点整修	1	光缆特性不合格点或区段的整修	根据需要	
	2	电缆电特性整修		
	3	直埋光电缆埋深不够整治		
	4	光电缆接头盒整修		
	5	人(手)孔井盖和槽道盖板更换、补充		
	6	标桩、警示牌油饰		
	7	抽除积水,渗水、漏水整修		
	8	管孔检查疏通,人(手)孔、槽道杂物清理		

光缆线路的测试项目与周期见表 3-5。

表 3-5 光缆线路的测试项目与周期

类别	序号	测试项目	周期	备 注
集中检修	1	光纤通道后向散射信号曲线	主用按需,备用长途1次/半年,地区1次/年	仪表测试,有光纤监测系统的区段可适当延长测试周期
	2	光缆线路光纤衰减		
	3	直埋接头盒监测电极间绝缘电阻		本地网按需要测试

电缆线路的测试项目与周期见表 3-6。

表 3-6　电缆线路的测试项目与周期

类别	序号	测试项目	周期	备　注
集中检修	1	防护接地装置地线电阻	半年	雷雨季节前、后各一次
	2	绝缘电阻	年	
	3	环路电阻、不平衡电阻		

明线线路的测试项目与周期见表 3-7。

表 3-7　明线线路的测试项目与周期

类别	序号	测试项目	周期	备　注
集中检修	1	绝缘电阻	年	
	2	环路电阻、不平衡电阻		

2）通信线路定期测试

通信线路定期测试中，地区用户电路合格时，地区线路可不测。对不合格回线，应由维护部门查明原因，克服解决。

3）通信线路中修

（1）通信线路中修周期为 7 年，遇以下情况可酌情调整周期：

①架空线路采用钢筋混凝土电杆、铁担或电缆线路为铅护套、铠套时，可延长中修周期。

②木杆在白蚁地带、水泥杆在盐碱地区或光电缆护套有腐蚀时，可缩短中修周期。

（2）通信线路中修项目与内容如下：

①电缆埋深不够、径路塌陷地段整修填充，桥槽、水泥槽、钢管等防护设施补强，不安全地段光电线路移设或防护。

②光电缆标桩、警示牌整修、补充、油饰及喷写标志。

③人（手）孔的渗水、漏水整修。

④光缆衰耗测试、光缆衰耗不合格点处理、光缆接头盒检查整修、短段光缆的整治或更换。

⑤电缆交接箱、分线盒整修或更换，电缆接头腐蚀检查、整修，漏气段查漏整修，电缆电特性检查整修。

⑥通话桩打磨、除锈、油饰、打号。

⑦架空线路、线杆的检查整修、基础加固、地面硬化，拉线、承力索、支架、吊夹、防火夹的整修、更换，紧固件加固、除锈、更换。

⑧保安装置及地线补充和整修。

（3）中修竣工后，应执行施工单位自验、通信段复验、电务处抽验的中修三级验收制度。中修交验要建立完整的中修资料。

4）通信线路大修

（1）通信线路大修的项目和内容如下：

①改善径路。

②更换特性不合格线路区段。

③更换电杆及其附属配件。

④处理电缆漏气段及护套损伤,更换或增补充气段维护设备。

⑤处理手孔、人孔的渗水、漏水,以及管道破损。

(2)大修竣工后,应进行验收以确认符合设计文件和工程质量标准。全部竣工验收应按铁路工程验收标准的规定办理。形成局部运用能力的,可分段验收。

4.质量标准

1)光缆线路的质量标准

(1)长途直埋通信光电缆最小埋深应符合表 3-8 的规定。

表 3-8　长途直埋通信光电缆最小埋深

序号	敷设地区及土壤分类		最小埋深(m)	附加规定
1	普通土、硬土		1.2	
2	半石质(沙砾土、风化石)		0.9	
3	全石质、流沙		0.7	
4	水田		1.4	
5	穿越主要公路(距路面基底)、铁路(距路基面)		1.2	
6	穿越沟渠		1.2	
7	市区人行道		1.0	
8	铁路路肩	普通土、硬土、半石质	0.8	
		全石质	0.5	特殊困难地段采用水泥槽防护时不小于 0.4 m

(2)地区(站场)通信光电缆最小埋深应符合表 3-9 的规定。

表 3-9　地区(站场)通信光电缆最小埋深

序号	敷设地区及土壤分类	最小埋深(m)	附加规定
1	普通土、硬土、半石质	0.7	因条件所限达不到规定深度时,应加防护。采用电缆槽防护时,电缆槽盖板距地面的埋深不小于 0.2 m
2	全石质	0.5	
3	水田	1.2	
4	穿越主要公路(距路面基底)、铁路(距路基面)	0.7	

(3)直埋光电缆与其他设施的最小接近限界应符合表 3-10 的规定。

表 3-10　直埋光电缆与其他设施的最小接近限界

序号	相关设施名称		最小间距		附加规定
			平行(m)	交叉(m)	
1	电力电缆	电压小于 35 kV	0.5	0.5(0.25)	光电缆采用外加防护措施时,可采用括号内的数值
		电压不小于 35 kV	2.0(1.0)	0.5(0.25)	
2	市话管道边线		0.5(0.25)	0.25(0.15)	

序号	相关设施名称		最小间距		附加规定
			平行(m)	交叉(m)	
3	给水管	一般地段	1.0(0.50)	0.5(0.15)	1. 第3～6项光电缆采用外加防护措施时，可采用括号内的数值 2. 第5项还应考虑防腐蚀的距离要求或采取有效的防腐蚀措施 3. 光电缆与热力管靠近时应采取隔热措施
		特殊困难地段	0.5	0.5(0.15)	
4	燃气管	管压小于300 kPa	1.0(0.5)	0.5(0.15)	
		管压300～1 600 kPa	2.0(1.0)	0.5(0.15)	
5	高压石油、天然气管		1.0	0.5	
6	热力管、排水管		1.0(0.5)	0.5(0.25)	
7	污水沟		1.5	0.5	
8	房屋建筑红线(或基础)		1.0		
9	水井		3.0	—	
10	粪坑、积肥池、厕所等		3.0	—	
11	大树树干边	市内	0.75	—	大树指直径为30 cm及以上的树木

(4)特殊地段管道顶距地面最小接近限界应符合表 3-11 的规定。

表 3-11　特殊地段管道顶距地面最小接近限界

序号	管道种类	路面至管道的最小深度(m)		路面(或基面)至管顶的最小深度(m)	
		人行道下	车行道下	与电车轨道交叉跨越	与铁路交叉跨越
1	混凝土管或塑料管	0.5	0.7	1.0	1.3
2	钢管	0.2	0.4	0.7(加绝缘)	0.8

注:通信管道顶部至道路路面的埋深一般地段不小于0.8 m。

(5)架空线路与其他设施、树木间最小水平接近限界应符合表 3-12 的规定。

表 3-12　架空线路与其他设施、树木间最小水平接近限界

序号	其他设备名称	最小水平净距(m)	备　注
1	消火栓	1.0	指消火栓与电杆距离
2	地下管、缆线	0.5～1.0	包括通信管、缆线与电杆间的距离
3	人行道边石	0.5	
4	地面上已有其他杆路	地面杆高的4/3倍	以较长标高为基准
5	市区树木	0.5	缆线到树干的水平距离
6	郊区树木	2.0	缆线到树干的水平距离
7	房屋建筑	2.0	缆线到房屋建筑的水平距离

(6)架空线路与其他建筑物、树木间最小垂直接近限界应符合表 3-13 的规定。

表 3-13　架空线路与其他建筑物、树木间最小垂直接近限界

序号	名称	与线路方向平行时		与线路方向交叉跨越时	
		最低架设高度(m)	备　注	最低架设高度(m)	备　注
1	市内街道	4.5	最低缆线到地面	5.5	最低缆线到地面
2	市内胡同	4.0	最低缆线到地面	5.0	最低缆线到地面
3	铁路	3.0	最低缆线到地面	7.5	最低缆线到地面
4	公路	3.0	最低缆线到地面	5.5	最低缆线到地面
5	土路	3.0	最低缆线到地面	5.0	最低缆线到地面
6	房屋建筑物	—		0.6	最低缆线到屋脊
				1.5	最低缆线到房屋平顶
7	河流	—		1.0	最低缆线到最高水位时的船桅顶
8	市区及郊区树木	—		1.5	最新缆线到树枝的垂直距离
9	其他通信导线	—		0.6	一方最低缆线到另一方最高线条
10	与同杆已有缆线间隔	0.4	缆线到缆线	—	

(7)架空通信线路交越其他电气设备的最小垂直接近限界应符合表 3-14 的规定。

表 3-14　架空通信线路交越其他电气设备的最小垂直接近限界

序号	其他电气设施名称	最小垂直净距(m)		备　注
		架空电力线路有防雷保护设备	架空电力线路无防雷	
1	10 kV 以下电力线	2.0	4.0	最高缆线到电力线条
2	35～110 kV 电力线(含 110 kV)	3.0	5.0	最高缆线到电力线条
3	110～220 kV 电力线(含 220 kV)	4.0	6.0	最高缆线到电力线条
4	220～330 kV 电力线(含 330 kV)	5.0	—	最高缆线到电力线条
5	330～500 kV 电力线(含 110 kV)	8.5	—	最高缆线到电力线条
6	供电线接户线	0.6		
7	霓虹灯及其铁架	1.6		

(8)线路标桩、警示牌埋设位置准确、标志清楚、正直完整。线路标桩偏离光缆的距离不大于 10 cm,周围 0.5 m 范围内无杂草、杂物。在站台、路肩等不宜设置独立标桩的地段,可在护网围栏、附近房屋等永久性建筑物(构筑物)上喷涂相应标志,或者在地面喷涂管道、光缆路径标志,注明通信线路管道位置,样式由各单位自定。独立线路标桩、警示牌的埋设与内容标准详见书末附录 A。

(9)光缆径路应稳固,槽道盖板平整稳固无缺损,隧道口两端各 5 m 槽道盖板应用水泥勾缝。桥涵有防护、防盗措施,严禁防护钢管外露(钢槽入地处应砌护墩)。穿越渠栏、河流、上下坡、岸滩和危险地段采取片石覆坡(护坡)加固措施。

（10）人（手）孔引上管、管（槽）道、通道的进出口防护设施齐全、稳固、整齐、美观。

（11）光电缆的防护如下：

①穿越铁路、通车繁忙或开挖路面受到限制的公路，采用下穿方式，并采用钢管等保护措施。

②埋设在路肩或埋设达不到表 3-8、表 3-9 要求的困难地段，设水泥槽或阻燃复合材料槽防护。

③跨越断沟而无法直埋时，采用钢管防护。

④穿越居民密集的城镇及动土较多的地段，采用砖或水泥槽防护。

⑤穿越或沿靠山涧、水溪等易受冲刷的地段时，根据具体情况设置漫水坡、挡土墙或水泥槽防护。

⑥通过无预留沟槽的铁路桥梁时，可根据情况选择钢槽或钢管防护，并考虑对环境温度变化和震动影响的防护。在桥上敷设时，严禁使用强度不足、非阻燃性的复合材料槽。

⑦直埋光电缆接头采用水泥槽防护。

⑧架空光电缆经电杆或墙壁引入地下直埋时，采用涂塑钢管防护，钢管露出地面不低于 3 m。架空光电缆在可能遭到撞击的局部地段采用塑料管保护。

⑨架空光缆在不可避免跨越或靠近易失火的建筑物时，采取防火保护措施。

⑩寒冷、严寒地区，光缆防护时应采取防冻害措施。

（12）通信光缆线路技术维护的项目、指标应符合表 3-15 的规定。

表 3-15 通信光缆线路技术维护的项目、指标

序号	测 试 项 目	维护指标
1	中继段光纤通道后向散射信号曲线检查	≤竣工值＋0.1 dB/km（最大变动量≤5 dB）注
2	光缆线路光纤衰减	≤竣工值＋0.1 dB/km（最大变动值≤5 dB）
3	直埋接头盒监测电极间绝缘电阻	≥5 MΩ

注：中继段光纤通道后向散射信号曲线检查时，仪表的测试参数应与前次的测试参数相同，要求如下：

　1. 发现光缆某中继段中有多根光纤的衰减值大于竣工值＋0.1 dB/km（最大变动量≤5 dB）时，应及时进行处理。

　2. 发现光纤后向散射曲线上有单点衰耗≥0.5 dB时，应增加测试次数，观察光缆衰耗点变化趋势，组织技术人员进行分析，适时处理。

（13）光电缆中的弯曲半径应符合下列要求：

①光缆接头处弯曲半径不小于护套外径的 20 倍，其他位置光缆弯曲半径不应小于光缆外径的 15 倍。

②铝护套电缆弯曲半径不应小于电缆外径的 15 倍。

③铅护套电缆弯曲半径不应小于电缆外径的 7.5 倍。

（14）接续后的光纤收容余长单端引入引出不应小于 0.8 m，两端引入引出不应小于 1.2 m，对水底光缆不应小于 1.5 m。光纤收容时的弯曲半径不应小于 40 mm。

（15）G.652 光纤接头衰减限值最大值不大于 0.12 dB，平均值不大于 0.08 dB；G.655 光纤接头衰减限值最大值不大于 0.14 dB，平均值不大于 0.08 dB。

(16)在光缆迁改、整修时,新敷设光缆宜布放至原光缆最近接头盒处,原则上只允许增加1个光缆接头。

(17)G.652(B1.1、B1.3)单模光纤的主要特性应符合表 3-16 的规定。

表 3-16　G.652(B1.1、B1.3)单模光纤的主要特性

序号	项　目		技术指标	
			Ⅰ级	Ⅱ级
1	1 310 nm 衰减系数最大值(dB/km)		0.35	0.38
2	1 550 nm 衰减系数最大值(dB/km)		0.21	0.24
3	1 625 nm 衰减系数最大值(dB/km)		0.24	0.28
4	零色散波长范围(nm)		1 300~1 324	
5	零色散斜率最大值[ps/(nm² · km)]		0.092	
6	1 550 nm 色散系数最大值[ps/(nm · km)]		18	
7	PMD 系数	M(光缆段数)	20 段	
		Q(概率)	0.01%	
		未成缆光纤链路最大 PMD$_Q$	A、C 类:0.5 ps/km$^{1/2}$ B、D 类:0.2 ps/km$^{1/2}$	

注:ITU-T 建议的 G.652 光纤分四类:G.652A、G.652B、G.652C、G.652D,其中:G.652A、G.652B 类型光纤对应 B1.1 类单模光纤,G.652C、G.652D 类型光纤对应 B1.3 类单模光纤。

(18)G.655(B4)单模光纤的主要特性应符合表 3-17 的规定。

表 3-17　G.655(B4)单模光纤的主要特性

序号	项　目		技术指标	
			Ⅰ级	Ⅱ级
1	1 460 nm 衰减系数最大值(仅对 D 类和 E 类)		0.28	0.31
2	1 550 nm 衰减系数最大值		0.22	0.25
3	1 625 nm 衰减系数最大值		0.27	0.30
4	C 波段色散特性	非零色散区:λ_{min}~λ_{max}(nm)	A、B、C 类:1530~1565	
5		非零色散区色散系数绝对值:D_{min},D_{max}[ps/(nm² · km)]	A 类:0.10~6.0 B、C 类:1.0~10.0	
6		色散符号	A、B、C 类:正或负	
7		$D_{max}-D_{min}$	B、C 类:≤5.0	
8	PMD 系数	M(光缆段数)	20 段	
		Q(概率)	0.01%	
		未成缆光纤链路最大 PMD$_Q$	A、B 类:0.5 ps/km$^{1/2}$ C、D、E 类:0.2 ps/km$^{1/2}$	

注:ITU-T 建议的 G.655 光纤分为:A、B、C、D、E 类,对应 B4 类单模光纤。

2)电缆线路的质量标准

(1)电缆线路的埋深应符合表 3-8 和表 3-9 的规定,与其他线路的最小接近限界应符合表 3-10~表 3-14 的规定。

（2）直流电特性应符合表 3-18 的要求。

表 3-18　直流电特性

序号	项　目		标　准
1	绝缘电阻（芯线和金属护套间）	长途	≥1 000 MΩ·km
		地区	≥5 MΩ
	绝缘电阻（两线间）	长途	≥2 000 MΩ·km
		地区	≥10 MΩ
2	环路电阻	长途对称线对及信号线	不超过标准值的 5%
		地区电缆	不超过标准值的 10%
3	不平衡电阻	长途电缆（低频）	≤2 Ω
		地区电缆	≤3 Ω

（3）光电缆防雷

①两条以上的电缆同沟敷设时，在相距较近的接头处应做横连线。

②电缆应做防雷保护接地，其接地间距宜为 4 km 左右。对于雷害严重的地段，防雷保护接地的间距宜适当缩短。电气化铁路区段，通信电缆的屏蔽地线可以代替防雷地线。

③防雷保护接地装置应与电缆垂直布置，接地体与电缆的间距不宜小于 10 m，接地标石上应有地线断开测试的条件。

④在落雷较广的地带，宜设防雷屏蔽线。防雷屏蔽线不宜与光电缆的金属护套连通，也不另作接地，但应将防雷屏蔽线延至土壤电阻率较小的地方。

⑤雷害严重地段，可采用非金属加强构件的光缆。

⑥直埋光缆不设屏蔽地线，但接头两侧的金属护套及金属加强件应相互绝缘。

⑦光电缆距离孤立的高大树木、杆塔或高耸建筑物及其保护接地装置的防雷最小间距应符合表 3-19 的规定。

表 3-19　光电缆与树木、杆塔、建筑物等的防雷最小间距

序号	土壤电阻率（Ω·m）	与高度在 10 m 及以上树木（m）	与高度在 6.5 m 及以上的杆塔、高耸建筑物及其保护接地装置（m）
1	≤100	15	10
2	101～500	20	15
3	>500	25	20

（4）电缆防电磁干扰

①受电气化铁路影响的通信电缆，其金属护套应设屏蔽接地；长途电缆接地间距不宜大于 4 km，地区（站场）电缆与电气化铁路平行接近长度超过 2 km 时，其主干电缆（或平行接近段）两端应设电缆屏蔽接地。

②电气化铁路区段，长途通信电缆与接头套管金属护套间、分歧电缆与干线电缆金属护套间，必须全部连通并接触良好。

③电气化铁路区段，长途通信电缆引入室内时，电缆金属护套的室内部分与室外部分应相互绝缘。

④引入变电所或分区亭的电缆,应有绝缘外护套。

(5)电缆线路的防护接地电阻标准

①具备贯通地线或电气化区段的长途电缆、地区电缆屏蔽地线的接地电阻值应不大于 1 Ω。其他长途电缆、地区电缆的防雷接地电阻值应不大于 4 Ω,困难地区不大于 10 Ω。

②电气化区段的区间通话柱外壳需要接地,其接地电阻应小于 50 Ω。

3)明线线路的质量标准

(1)电杆标准

①电杆随径路正直,直线杆根部偏移小于根径的 1/2;顶部倾斜小于梢径;角杆根部内移一般为 100～300 mm。

②电杆牢固整洁、电杆周围培土坚实牢固。木杆杆根周围 500 mm 内无杂草、无积水坑。钢筋混凝土电杆,由于外力损伤造成横向裂纹宽度不超过 0.2 mm,长度不超过 2/3 圆周长。纵向裂纹不超过一条,宽度不超过 0.2 mm,长度不大于 1 m。裂纹宽度在 0.21～1.0 mm 的应进行修补或加强处理。

③新设及更换电杆的埋深应符合表 3-20 的规定。但石质地带,用钢钎或爆破方法凿成圆坑,坑壁垂直者,埋深可按表 3-20 减少 100 mm,13～15 m 电杆深度,可按 12 m 电杆的规定增加 200 mm。

表 3-20　新设及更换电杆的埋深

土壤分类	松土地带					普通土地带					硬土及石质地带			
杆高(m)	6～6.5	7～7.5	8～8.5	9～10	11～12	6～6.5	7～7.5	8～8.5	9～10	11～12	6～6.5	7～8.5	9～10	11～12
16 及其以下导线数埋深(m)	1.5	1.6	1.7	1.8	2	1.3	1.4	1.5	1.6	1.9	0.9	1.1	1.3	2

④电杆防腐规定如下:

a. 钢筋混凝土电杆在盐碱酸性土质地带,应在电杆出土处上下各 500 mm 涂以沥青。

b. 木杆无空心,杆身、杆根腐朽部分刮除干净,涂油防腐;杆顶及槽口处要涂有防护油;杆上残留无用的穿钉孔、步钉孔、弯角孔等应用浸过防腐油的木屑堵塞。

c. 木杆根部腐朽的,去腐后剩余心材的圆周围长不小于表 3-21 的规定。

表 3-21　木杆去腐后剩余心材

序号	杆高(m)	导线数(条)	电杆剩余心材的圆周围长(cm)				
			轻便型杆距	普通型杆距	加强型杆距		特强型杆距
			50 m	50 m	50 m	40 m	40 m
1	6～6.5	9～16	42	52	58	48	54
2	7～7.5	9～12	41	51	57	47	53
		13～16	46	56	62	52	57
3	8～8.5	9～12	46	54	60	51	56
		13～16	49	59	66	55	61

d. 如果小于表 3-21 规定,须设帮桩加固。

e. 杆身或杆身局部腐朽,去腐后净剩直径不小于表 3-21 中数据换算的杆径。

f. 有双方拉线的电杆根部围长可按表 3-21 规定值小 15%。

g. 高于 8.5 m 的电杆,其长度每增加 1 m 电杆根部最小容许围长,应按表 3-21 数值增加 6%。

h. 有被碰撞、水冲可能的电杆或基础不稳的电杆,均应设有防护加固装置。

i. 杆号清楚、正确、无缺;接线盒或区间电话整洁完好,指示箭头完整、正确。

（2）拉线的维护标准应符合表 3-22 的规定。

表 3-22　拉线的维护标准

序号	项目	标　　准
1	强度	1. 拉线上、中、下把缠绕紧密完好,各股张力平衡无断股,无跳股,不松缓 2. 地锚培土坚实、不浮起,拉线上无攀藤植物 3. 钢筋混凝土电杆拉线抱箍配套适宜,吻合牢固
2	位置	拉线地锚位置正确、左右位移不得大于 150 mm,拉线与线条间距离一般应在 75 mm 以上
3	防蚀	拉线无严重锈蚀,在易锈蚀或盐碱地区的地锚,应用浸过防腐油的麻片包扎,包扎部位自地面上下约 300~500 mm
4	调整螺丝	拉线调整螺丝不锈死,能起调整作用,并用铁线封固

（3）线担的维护标准应符合表 3-23 的规定。

表 3-23　线担的维护标准

序号	项目	标　　准
1	强度	1. 线担无严重变形,弯曲不超过 1/2 担头宽 2. 木担无横向裂纹,木担头部纵向劈裂的,均应缠绑
2	防腐	木担任何部位的腐朽断面不大于截面的 1/3,要清除腐朽部分,涂防护油;铁担锈蚀部分应涂漆防锈
3	位置	线担上下,前后偏移不大于 1/2 线担头
4	配件	拉板、撑角、穿钉等配件齐全,安装牢固,不松动,无严重锈蚀,螺帽涂厚漆

（4）吊线的维护标准应符合表 3-24 的规定。

表 3-24　吊线的维护标准

序号	项目	标　　准
1	强度	无锈蚀,吊挂牢固,挂钩间距均匀无脱落,一般为 0.5 m;各股张力平衡无断股,无跳股,不松缓
2	位置	架空光电缆吊线夹板距电杆顶的距离一般情况下距杆顶大于或等于 500 mm,在特殊情况下应大于或等于 250 mm;双层吊线间距应为 400 mm;光电缆和明线混合杆,吊线应在明线下方,不得在线担中间穿挡

（5）架空明线线路的电特性标准应付合表 3-25 的规定。

表 3-25 架空明线线路的电特性标准

序号	项 目		标 准	备 注
1	绝缘电阻	导线对地	≥2 MΩ·km	在潮湿天气即空气湿度大于75%时
		两导线间	≥4 MΩ·km	
2	环路电阻	铜线、钢芯铝绞线	≤5%	实测换算值与计算值的比率；导线锈蚀线径变化时，可按净剩的平均线径计算
		钢线	≤10%	
		铜包钢线	≤7%	

4)主要附属设备的质量标准

(1)电缆充气设备技术性能

电缆充气设备技术性能应符合以下要求：

①充气机保气量,高压 600 kPa 时,24 h 气压下降量应不大于 20 kPa。分路在 200 kPa 时,24 h 气压下降量应不大于 10 kPa。

②控制部分,应保证自动及手动供气系统正常,不正常时能强制停止工作。

③空压机可采用无油空压机或有油空压机加滤油罐,启动与停止应能控制;输出压力大于 700 kPa 时,能自动停止工作并发出声光报警。

④除湿装置主要采用分子筛吸附剂,干燥露点优于 $-40 \, ℃$。气水分离器游子有自动排水功能。

⑤储气罐应有 700 kPa 安全阀,超限时自动放气并能发出告警、自动停止充气,罐上装有气压表。

⑥低压分路应装有可调告警性能的流量计、减压阀 $0 \sim 200$ kPa、单向阀、压力表、截止阀等,性能稳定、良好。

(2)电缆的充气维护

①充入电缆的气体,应经过过滤与干燥,对电缆无化学反应,不降低电特性。

②温度为 20 ℃时,充入电缆气体的含水量不得超过 $1.5 \, g/m^3$。

③在充气端充入电缆的最高气压标准为:在 20 ℃时,铅护套电缆应小于 100 kPa,铝护套电缆应小于 150 kPa。

④主干电缆和长度在 50 m 以上的分歧电缆,以及各种密封式机箱均应充气,气路应具备相互连通的条件。50 m 以下的区间分歧电缆视具体情况,可单独充气。

⑤充气维护有关气压标准(在 20 ℃时)应符合表 3-26 的规定。

表 3-26 电缆充气气压维护限值

序号	电缆种类		日常保护气压(kPa)	气压下降允许范围		开始补气气压(kPa)
				天数	气压(kPa)	
1	长途电缆		50~70	10	10	≤50
2	地区电缆	架空	40~60	5	10	≤40
		地下	50~70	5	10	≤50
3	水底电缆	一般	50~70	10	10	≤50
		深水电缆	100~180	10	10	≤80

（3）光电缆交接箱维护

光电缆交接箱维护应符合以下要求：

①交接箱内布线规范，干净整齐。

②应标明光电缆去向、纤芯或回线数量、使用情况等信息。

③引入、引出钢管应牢固并进行防腐油饰处理。工作台牢固可靠，交接箱门锁齐全，开关灵活。

④交接箱防尘密封胶条密封良好无老化，交接箱进、出光电缆孔密封，防潮符合要求。

⑤光缆交接箱跳线长度选择合适，未使用的法兰应将端冒盖好。

⑥电缆交接箱线对有序，无接头，无裸露现象。跳线穿放走径合理，须穿跳线环且松紧适度，跳线与接线端子连接牢固无松动。

（4）通话柱的维护

通话柱的维护应符合以下要求：

①通话柱电话拨叫功能正常、声音清晰，静图上传功能正常。

②通话箱、柱表面应平整，无有害变形、缺损、氧化皮和裂纹等缺陷。

③通话箱内外均喷涂灰色，柱体外层喷涂黑、白色，间隔为 100 mm。喷涂后，通话箱、柱涂层表面应平整清洁，色泽均匀。

④当温度为 15 ℃～35 ℃，相对湿度为 25％～75％，大气压力为 86～106 kPa 绝缘电阻要求塞孔间、塞孔对地绝缘≥1 000 MΩ，端子间、端子对地绝缘≥1 000 MΩ。

（5）管槽道的维护

管槽道的维护应符合以下要求：

①人（手）孔及槽道盖板齐全，无破损。

②人（手）孔及槽道内无积水、石块及其他杂物。

③人（手）孔内的光缆应固定牢靠，宜采用塑料软管保护，并有醒目的识别标志或光缆标牌。

④光缆接头盒在人（手）孔内宜安装在常年积水水位以上的位置，采用保护托架或其他方法承托，人孔内光缆托架、托盘完好无损、无锈蚀。

⑤人孔内走线合理，排列整齐，孔口封闭良好，保护管安置牢固，预留线布放整齐合格。

⑥光电缆在槽道内摆放整齐，槽内同时敷设多条光电缆时，应避免交叉。

 相关规范、规程与标准

1.《铁路通信设计规范》（TB 10006—2016）第 3 部分对通信线路的设计施工作了规定。

2.《铁路通信维护规则 设备维护》第 1 章对通信线路的维护作了规定。

 项目小结

本项目介绍通信线路的设计、施工与维护的相关规定，分别从设计和维护两个方面进行介绍。

任务 1 以《铁路通信设计规范》（TB 10006—2016）的内容为主介绍了通信线路设计、施工的相关规定,包括光电缆选择、光电缆径路选择、光电缆的敷设及机械防护、光电缆雷电强电防护及接地、光电缆接续及引入,以及光缆监测的相关规定。

任务2以《铁路通信维护规则 设备维护》的内容为主介绍了通信线路维护的相关规则,包括通信线路设备管理和设备维护的相关规定,以及通信线路维护质量标准的相关规定。

 复习思考题

1. 通信线路中,光缆类型的选择有哪些规定?

2. 通信线路中,光纤类型的选择有哪些规定?

3. 通信线路中,电缆类型的选择有哪些规定?

4. 通信线路中,电缆设置有哪些规定?

5. 光电缆的径路选择应该规避哪些特殊地段?

6. 光电缆在路基地段、桥梁、隧道敷设时,应符合哪些规定?

7. 光电缆在穿越哪些特殊地段时需要采取相应的防护措施?

8. 光电缆在哪些情况下需要防雷保护设施? 光电缆的防雷保护各应符合哪些规定?

9. 光电缆的接续应该符合哪些规定?

10. 光电缆的引入应符合哪些规定?

11. 普速铁路通信线路的维修项目有哪些? 维修周期是多长时间?

12. 高速铁路通信线路的维修项目有哪些? 维修周期是多长时间?

13. 通信线路中修的项目与内容有哪些? 中修周期是多长时间?

14. 通信线路大修的项目和内容有哪些?

15. 通信光电缆的最小埋深有哪些规定?

16. 通信线路的最小接近限界在《维规》中有哪些规定?

17. 光电缆的防护有哪些要求?

18. 光电缆的弯曲半径有哪些要求?

19. 光电缆的防雷应采取哪些措施?

20. 电缆线路防电磁干扰有哪些措施?

21. 电缆的充气维护遵循哪些标准?

22. 电缆线路的防护接地电阻标准是什么?

23. 光电缆交接箱、通话柱、管槽道的维护应符合哪些要求?

附录A 线路标桩、警示牌标准

1. 线路标桩

(1)光电缆标桩埋设位置:按有关技术规范的要求执行,标桩表面平整无缺陷,做到尺寸、强度符合要求。标桩尺寸建议:山区 140 mm×140 mm×1 500 mm,见附图 A-1(a);平原 140 mm×140 mm×1 000 mm,见附图 A-1(b)。受地理环境、埋设位置等特殊因素制约时,铁路局可根据现场情况调整标桩尺寸。正面向铁路。

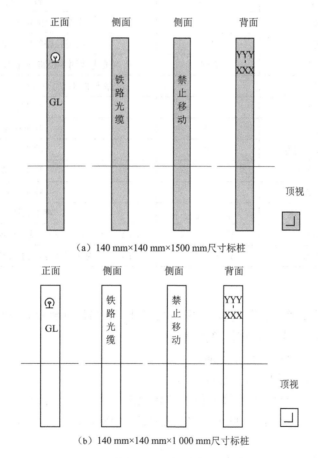

（a）140 mm×140 mm×1500 mm尺寸标桩

（b）140 mm×140 mm×1 000 mm尺寸标桩

附图 A-1　标桩示例

(2)间距:直线标以 50 m 距离为宜,拐弯、过轨、过沟、上下坡视地形而定,不宜过于密集。

(3)埋深:140 mm×140 mm×1 500 mm 的标桩埋深 500 mm;140 mm×140 mm×1 000 mm 的标石埋深 450 mm。标桩地面要有 500 mm×500 mm×100 mm 混凝土卡盘。

(4)编号如下:

①径路标。光电缆径路标应从上行至下行方向顺序编号(为 3 位数),以车站区间为编号单位。

②接头标。光电缆接头标从上行至下行以车站区间为单位顺序编号(车站区间编号为3位数,接头编号为3位数)。

③光电缆径路相同的,其径路标可统一流水编号。

(5)标志:标桩正面(朝向铁路侧)的上部喷路徽,下部喷光电缆符号。标桩两侧喷"铁路光缆,禁止移动"或"铁路电缆(铁路光电缆),禁止移动"(在标桩两侧分别各喷4~5个字)。在标桩背面,距顶面100 mm处,喷光电缆编号,上下坡标识喷于编号下端。拐弯、过轨、直通、分歧、预留标识喷于标桩顶部,路徽面向铁路。

(6)颜色:路徽喷成红色,其他文字和符号喷黑色油漆,标体为白色油漆。

(7)光电缆标石:应按附表 A-1 规定的符号标示。

附表 A-1　光电缆标石的符号

序号	标志	符号	备注
1	光缆	GL	光缆径路的标石,正面喷 GL
2	电缆	DL	电缆径路的标石,正面喷 DL
3	光电缆	GDL	光电缆同一径路时,在标石正面喷 GDL
4	标石两侧		铁路光电缆;禁止移动
5	光电缆直通	—	喷于顶部
6	光电缆预留	Ω	喷于顶部
7	光电缆过轨、拐弯	⌐	喷于顶部
8	光电缆分歧	⊥	喷于顶部
9	光电缆接头	→ ←	喷于顶部
10	光电缆上、下坡	⌐、⌐	喷于编号下方
11	光缆接头	YYY-×××	YYY 为管内区间编号,从上行到下行×××为接头号
12	电缆接头	YYY-×××	YYY 为管内区间编号,从上行到下行×××为接头号

2. 宣传警示牌

光电缆径路过平交道口、路、便道、水渠、农田菜地、人口居住密集点、施工点、公路边等,以及有可能被动土的地方,应设置宣传警示牌。

(1)宣传警示牌面向行人、行车方向。

(2)宣传警示牌与地面垂直,立柱油漆白色。

(3)玻璃钢或搪瓷材料的警示牌面板尺寸建议为 1 000 mm(长)×800 mm(宽)×2 mm(厚),支架为直径150 mm、高2 500 mm 的水泥杆或2 500 mm×150 mm×150 mm 的水泥柱,埋深 800 mm。

(4)水泥材料的警示牌面板尺寸建议为 600 mm(长)×400 mm(宽)×100 mm(厚),支架为 2 500 mm×150 mm×150 mm 的水泥柱,埋深 800 mm。

(5)警示牌主体内容建议为:铁路通信光电缆径路 2 m 内禁止取土施工。联系举报电话:路电0××-×××××市电××-×××××××××铁路×局集团有限公司通信段制。

附录 B　线路的图例和符号

附表 B-1　地形地物

序号	名称	图例	序号	名称	图例
1	山岳		20	铁路及车站	站名
2	河流		21	双轨铁路	
3	湖塘	××湖（塘）	22	电气化铁路	
4	沙渠		23	拟建铁路	工 工 工 工
5	沼泽地		24	桥梁	
6	树林		25	横过铁路的桥梁	
7	树木		26	在铁路下的桥梁	
8	经济林园		27	在铁路桥梁支架上的通信线路	
9	旱田		28	公路	
10	水田		29	大车路	
11	草地		30	小径	
12	凹地		31	隧道	
13	高地		32	盐碱地	
14	堤岸		33	陡坡	
15	深沟(渠)		34	苇塘	
16	城堡		35	砖田墙	
17	坟墓		36	刺丝掰	××××××
18	房屋或村镇		37	篱笆	
19	街道		38	自动闭塞信号线路	

序号	名称	图例	序号	名称	图例
39	涵洞		52	暖气管道	
40	木桩		53	电力线路	
41	水准点		54	高压输电线	
42	地下水位标高		55	明堑	
43	消火栓	火	56	里程碑	
44	自来水闸	水	57	飞机场	
45	井		58	靶场	
46	雨水口		59	邮筒	
47	污水地		60	砖厂	
48	下水道		61	变压器	
49	自来水管路		62	指向	
50	煤气管管路		63	图纸衔接法	-<->——<->-
51	电力电缆	力	64	加油站、加气站	

附表 B-2 杆路

序号	名称	图例	序号	名称	图例
1	普通电杆		9	撑杆	
2	L 形杆		10	高桩拉线	
3	H 形杆		11	杆间拉线	
4	品接杆		12	打有帮桩的电杆	
5	单接杆		13	分线杆	
6	井形杆		14	长途市话合用杆	
7	装有避雷线电杆		15	电力杆	
8	引上杆		16	铁路杆	

续上表

序号	名称	图例	序号	名称	图例
17	军方杆		23	铁地锚拉线	
18	分界杆（地区长线局维护段落分界）		24	石头拉线	
19	单方拉线杆		25	横木拉线	
20	双方拉线杆		26	起讫杆号	$P_1 \rightarrow P_{128}$
21	三方拉线杆		27	承接上页杆	
22	四方拉线杆				

附表 B-3 路由图

序号	名称	图例	序号	名称	图例
1	埋式缆（无保护）		18	监测标石	
2	埋式缆（砖保护）		19	路由标石	
3	埋式缆（钢管保护、水泥管保护）		20	防雷排流线	
4	预留		21	防雷消弧线	
5	S 弯预留		22	防雷避雷针	
6	架空缆		23	加固地段	
7	通信线		24	加铠	
8	其他地下管线		25	光分配架	ODF
9	管道缆（虚线代表人孔）		26	波分复用器	WDM
10	水底缆		27	滤光器	O°F
11	水底缆 S 弯		28	地下缆引至墙上	
12	水底缆 8 字弯		29	缆往楼上去 A（管径）	A
13	梅花桩或 S 弯		30	缆往楼下去 A（管径）	A
14	直通接头		31	缆由楼上引来 A（管径）	A
15	分歧接头		32	缆由楼下引来 A（管径）	A
16	开天窗接头		33	拆除（画在原有设备上）	
17	电台、铁塔				

附表 B-4　维护图、线路图

序号	名称	图例	序号	名称	图例
1	总公司通信枢纽		8	二级光缆	X芯/二级
2	局通信枢纽		9	拟拆除线路	
3	地区通信站		10	利用其他单位电杆挂线的线路	
4	有人通信站		11	跨越其他杆线	
5	无人通信站		12	电力线路	
6	光中继站		13	局界	
7	一级光缆	X芯/一级	14	省界	

附表 B-5　管道、人孔

序号	名称	图例	序号	名称	图例
1	直通型人孔		11	引上的支管道	
2	局前人孔		12	管道断面（粗线表示管道着地一面）	
3	拐弯形人孔		13	人孔内引上管（A 与人孔壁距离）	$< \frac{T_Q}{A}$
4	扇形人孔		14	现有管道和光缆占用管孔，新设管道和光缆占用管孔	
5	十字形人孔		15	人孔一般符号：A 位置表示形状，B 位置表示编号	
6	手孔		16	小型人孔（系统图用）	
7	埋式手孔		17	大型人孔（系统图用）	
8	地下光缆管道	D-%-AB×C-%-	18	局前人孔（系统图用）	
9	在原有管道上加新管道	D=%=AB×C=%=	19	人孔展开图，表示地下光缆在人孔中穿放的位置（人孔按形状绘出）	
10	暗渠管道	$\frac{D}{A \times B}$			

注：地下管路标注方法：A—材质；B—个数；C—孔数；D—长度。

参 考 文 献

[1] 刘功民 . 通信线路 . 北京：中国铁道出版社，2011.

[2] 王邠，王泉啸 . 通信线路 . 北京：中国铁道出版社，2011.

[3] 胡庆，张德民，张颖 . 通信光缆与电缆线路工程 . 2 版 . 北京：人民邮电出版社，2016.

[4] 中国铁路总公司 . 铁路通信维护规则　设备维护 . 北京：中国铁道出版社，2014.

[5] 国家铁路局 . 铁路通信设计规范 . 北京：中国铁道出版社，2016.

[6] 中华人民共和国住房和城乡建设部，中华人民共和国国家质量监督检验检疫总局 . 通信线路工程设
    计规范 . 北京：中国计划出版社，2015.

[7] 中国铁路总公司 . 高速铁路通信工程施工技术规程 . 北京：中国铁道出版社，2015.

[8] 段智文 . 光纤通信技术与设备 . 北京：机械工业出版社，2016.

[9] 梁卫华 . 通信线路工程施工与监理 . 成都：西南交通大学出版社，2014.

[10] 王公儒 . 综合布线工程实用技术 . 2 版 . 北京：中国铁道出版社，2015.